职业技能等级认定培训教材

人工智能训练师

（数据标注员） （五级　四级）

上海职业技能等级认定培训教材编委会　　组织编写

中国劳动社会保障出版社

图书在版编目（CIP）数据

人工智能训练师.数据标注员：五级、四级／上海职业技能等级认定培训教材编委会组织编写. -- 北京：中国劳动社会保障出版社，2023

职业技能等级认定培训教材

ISBN 978-7-5167-6092-5

Ⅰ.①人… Ⅱ.①上… Ⅲ.①人工智能 - 职业技能 - 鉴定 - 教材 Ⅳ.①TP18

中国国家版本馆 CIP 数据核字（2023）第 185151 号

中国劳动社会保障出版社出版发行

（北京市惠新东街 1 号 邮政编码：100029）

*

三河市华骏印务包装有限公司印刷装订 新华书店经销

787 毫米 ×1092 毫米 16 开本 18.25 印张 376 千字
2023 年 10 月第 1 版 2023 年 10 月第 1 次印刷
定价：**54.00 元**

营销中心电话：400-606-6496
出版社网址：http://www.class.com.cn

前言
Preface

为贯彻中共中央办公厅、国务院办公厅《关于分类推进人才评价机制改革的指导意见》精神，落实《人力资源社会保障部关于改革完善技能人才评价制度的意见》《人力资源社会保障部关于健全完善新时代技能人才职业技能等级制度的意见（试行）》要求，加快推进行业职业技能等级认定工作，进一步规范培训管理，提高培训质量，在上海市职业技能鉴定中心的指导下，上海市人工智能行业协会组织有关专家编写了人工智能训练师职业技能等级认定培训教材（以下简称教材）。

教材紧贴《人工智能训练师国家职业技能标准（2021年版）》要求，在结构上按照职业功能模块编写，不但有助于读者通过等级认定，而且有助于读者真正掌握本职业的核心技术与操作技能。

本套教材包括《人工智能训练师（数据标注员）（五级　四级）》《人工智能训练师（人工智能算法测试员）（三级　二级　一级）》2本教材。《人工智能训练师（数据标注员）（五级　四级）》包括五级和四级人工智能训练师应掌握的理论知识和操作技能。

教材在编写过程中得到了华为技术有限公司、百度在线网络技术（北京）有限公司、上海商汤智能科技有限公司、科大讯飞股份有限公司、上海云从企业发展有限公司、整数智能信息技术（杭州）有限责任公司、澳鹏数据科技（上海）有限公司、壹沓科技（上海）有限公司、上海智臻智能网络科技股份有限公司、达观数据有限公司、节卡机器人股份有限公司、上海蜜度信息技术有限公司、沐曦集成电路（上海）有限公司、上海

乐言科技股份有限公司等单位的大力支持与协助，在此一并表示衷心的感谢。

　　教材编写是一项探索性工作，由于时间紧迫，不足之处在所难免，欢迎各使用单位及个人对教材提出宝贵意见和建议，以便在修订时补充更正。

序

数字经济作为全世界都在为之努力奋斗的前沿课题，是全球经济增长日益重要的驱动力。人工智能作为数字经济的重要战略抓手和动力引擎，既是数字产业化的核心部分，也是产业数字化的转型枢纽。而产业的发展离不开人才的支撑，"人工智能训练师"这一新职业的诞生，就是数字经济发展的必然要求，也代表了我国政府对人工智能产业发展的重视。

2020年2月，人力资源社会保障部、市场监管总局、国家统计局联合向社会发布了第二批16个新职业，"人工智能训练师"被纳入其中；2021年10月，由人力资源社会保障部、工业和信息化部联合制定的《人工智能训练师国家职业技能标准（2021年版）》正式实施。2022年，全国各地陆续开始将"人工智能训练师"纳入职业技能等级认定的新职业目录。

抢抓新一代人工智能发展机遇、加快打造世界级产业集群，是以习近平同志为核心的党中央交给上海的重大战略任务。上海深入贯彻落实习总书记重要指示要求，始终把发展人工智能作为优先战略选择，不断强化创新策源、应用示范、制度供给和人才集聚，人工智能产业和人才初具规模，创新和应用更加活跃，一个跨界融合、开放融通的生态系统正在逐步形成。

几年来，上海不断加快构建多层次的人工智能产业人才梯队，完善面向技术开发的人工智能顶尖科学家、算法研发工程师、训练师等全链条人才队伍，加快培养能够把握产业、技术发展趋势的AI+行业专家及管理人才。上海在全国率先启动人工智能训练师的职业技能等级认定工作，2022年6月，上海市人工智能行业协会（以下简称"协会"）被市人力资源和社会保障局确定为"企业职业技能等级认定机构"，面向成员单位在岗职工开展人工智能训练师的等级认定工作；2023年4月，协会成为上海市人工智能训练师的"社会培训评价组织"。

在人工智能训练师职业技能等级认定工作的筹备过程中，协会以人工智能上海高地建设提供高技能人才支撑为使命，以发挥上海市作为全国首个人工智能创新应用先导区、全国首批国家新一代人工智能创新发展试验区的先行先试、引领示范作用为目标，以《人工智能训练师国家职业技能标准（2021年版）》为依据，以广泛的人工智能产业应用型人才需求调研为基础，组建由华为、百度、商汤、科大讯飞等领军企业，交大、复旦、同济、华师大等高校，上海人工智能实验室、微软亚研院、仪电创新院、上海人工智能研究院等科研机构组成的专家团队，系统化开展了考纲研制、教材编写、题库开发、平台建设等工作。

在本套教材的编写过程中，我们积极引入了最新的人工智能产品、技术、解决方案和应用案例，内容涵盖了数据采集、数据标注、智能系统装调、数据处理、数据审核、智能系统运维、AI训练、算法测试、AI产品经理、智能系统售前工程师、智能系统架构师、首席产品官等一系列企业真实岗位的典型任务、主流工具、工作流程、工作标准，并在教学方法上采用了项目/任务驱动的方法，以适应职业技能培训和高校专业教学的需求。

同时，人工智能的发展速度远超我们的预计，譬如，以ChatGPT/GPT 4为代表的预训练大模型，一方面依赖于大批人工智能训练师提供的高质量标注数据，另一方面也加速了AI辅助标注、自动标注的发展，更使得"提示词工程"成为人工智能训练师必备的新技能。希望本套教材的读者在学习的过程中不但要重视基础知识的学习和技能的训练，更要通过教材中的案例，深入理解行业的发展趋势，培养训练系统化、工程化的思维，提高自主学习、独立思考的能力，以适应智能时代对人才的职业素养和专业能力的需求。

党的二十大报告将高技能人才作为"国家战略人才力量"的重要组成部分，希望我们做的这些工作、这套教材能够给其他兄弟省市、行业的高技能人才队伍建设工作提供一些借鉴，为上海乃至我国的人工智能产业和数字经济高质量发展尽一份绵薄之力。

是为序。

上海市人工智能行业协会秘书长　　钟俊浩

Con**tents**

目录 | 人工智能训练师
（数据标注员）（五级　四级）

模块 2　数据标注

模块 3　智能系统运维

第二部分　人工智能训练师（数据标注员）（四级）

模块 4　数据采集和处理

第一部分

人工智能训练师（数据标注员）（五级）

为规范从业者的从业行为，促进人工智能（artificial intelligence，AI）相关从业人员提升职业素养，《人工智能训练师国家职业技能标准（2021年版）》对五级/初级工除提出了职业道德和基础知识等基本要求外，还提出了相应的工作要求，包括"数据采集和处理""数据标注""智能系统运维"3个职业功能模块，明确规定了各职业功能模块应该具备的技能水平和理论知识水平。

为帮助从业者达到人工智能训练师五级/初级工的国家职业技能标准要求，本部分将详细介绍该标准中的职业岗位认知，不同类型数据的采集、处理、清洗和标注方法，以及智能系统运维等方面的知识和技能。

"人工智能训练师认知"模块先刻画了人工智能训练师的职业画像（见课程0-1学习单元1），介绍了数据标注员岗位认知（见课程0-1学习单元2）；再通过4个学习单元分别介绍了人工智能训练师应具备的通用知识，包括Python基础（见课程0-2学习单元1）、NumPy基础（见课程0-2学习单元2）、Pandas基础（见课程0-2学习单元3）和Excel应用（见课程0-2学习单元4）。

"数据采集和处理"模块先用6个学习单元分别描述了不同类型的原始业务数据的采集工具和使用方法，包括文本数据采集（见课程1-1学习单元1）、图片数据采集（见课程1-1学习单元2）、视频数据采集（见课程1-1学习单元3）、语音数据采集（见课程1-1学习单元4）、日志数据采集（见课程1-1学习单元5）和数据库数据采集（见课程1-1学习单元6）；再针对不同类型的数据，提出了业务数据整理归类、汇总的建议和方法（见课程1-2学习单元1、学习单元2）。

"数据标注"模块先在强调数据清洗重要性的前提下，以文本和图像两种数据类型为例，展示了数据清洗的一般步骤（见课程2-1学习单元1、学习单元2），并针对文本、图像、语音和视频等常见数据类型，以主流开源软件为基础，详细呈现了多种标注工具的使用过程，包括文本数据标注（见课程2-1学习单元3）、图像数据标注（见课程2-1学习单元4）、语音数据标注（见课程2-1学习单元5）和视频数据标注（见课程2-1学习单元6）；再针对标注后的数据，介绍了两种分类统计工具的使用方法，包括使用Excel进行分类统计（见课程2-2学习单元1）和使用SPSS进行频数统计分析（见课程2-2学习单元2）。

"智能系统运维"模块先在介绍智能系统软硬件维护的几种基本任务的基础上（见课程3-1学习单元1），对比说明了5种智能系统的核心技术（见课程3-1学习单元2）；再阐述了智能系统维护中两个重要维护任务的方法和技巧，包括系统功能日志维护（见课程3-2学习单元1）和系统数据日志维护（见课程3-2学习单元2）。

通过以上内容的学习，学员不仅能了解人工智能训练师的职业画像，合理规划自己的职业生涯，而且能根据不同的项目需求和数据特点选择合适的数据采集清洗方法，熟练掌握不同类型数据的主流标注工具的使用方法，还能兼具智能系统的基本运维技能，为上岗履职打下坚实的基础。

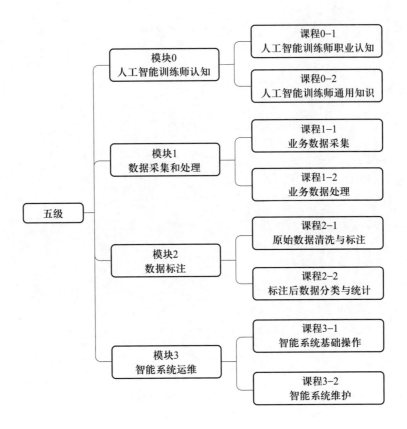

人工智能训练师认知

模 块 0

- ✓ 课程 0-1 人工智能训练师职业认知
- ✓ 课程 0-2 人工智能训练师通用知识

人工智能训练师职业认知

学习单元 1　人工智能训练师职业画像

任务描述

　　自 1956 年诞生以来，人工智能已经发展了 60 多年，并在许多行业都得到了广泛的应用。人工智能训练师通过了解其曲折的发展历程，不仅可以熟悉人工智能的技术变迁，而且可以把握自身职业的发展定位。本学习单元将介绍人工智能的发展历程，以及人工智能训练师的职业生涯。

学习目标

　　1. 了解人工智能的发展历程。

　　2. 了解算法与数据标注的关系。

　　3. 了解人工智能训练师的职业生涯。

一、背景知识

　　2022 年 11 月，OpenAI 的人工智能对话聊天机器人 ChatGPT 的推出，是人工智能发展历程中的一个里程碑。面对这样一个划时代的产品，我们回首人工智能的曲折历史，会由衷地惊叹技术积累的神奇和伟大。

1. 人工智能发展的 3 个阶段

　　"人工智能"作为一门新兴学科提出，是在 1956 年的达特茅斯会议上。自此之后，人工智能不断演变发展，在许多行业都取得了惊人的成就。它的发展历程大致可以划分为 3 个阶段，如图 0-1 所示。

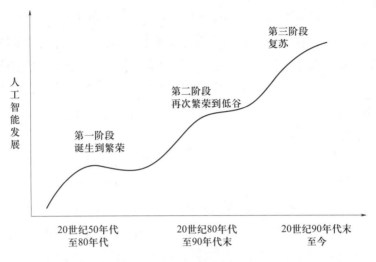

图 0-1 人工智能发展历程

（1）第一阶段（20 世纪 50 年代至 80 年代）。1956 年 8 月，在美国达特茅斯学院召开了一次研讨会，会议的正式名称是人工智能夏季研讨会（Summer Research Project on Artificial Intelligence），参与人员如图 0-2 所示。自此，人工智能（artificial intelligence，AI）这个词逐渐被广泛接受和使用，1956 年也因此被称为"人工智能元年"。1966 年，美国计算机学会（Association for Computing Machinery，ACM）为了纪念艾伦·图灵（见图 0-3）对计算机科学发展的巨大贡献，特别设立了图灵奖。该奖项一年评比一次，以表彰在计算机领域做出突出贡献的人。

图 0-2 达特茅斯会议主要参与人员

图 0-3 艾伦·图灵

在这个阶段，可编程数字计算机已被用于科学计算和研究，人工智能迎来了第一次繁荣期。但由于计算机的运算能力不足，很多较复杂的计算任务还不能被很好地执行，智能推理实现难度较大，建立的计算模型也存在一定的局限性。随着机器翻译等项目的失败，人工智能的发展很快就从繁荣陷入了低谷。

（2）第二阶段（20世纪80年代至90年代末）。进入20世纪80年代后，具备一定逻辑规则推演的专家系统开始在一些特定领域盛行。1985年，具有可视化效果的决策树模型和突破早期感知机局限的多层人工神经网络出现了，而日本雄心勃勃推行的五代机计划也促成了20世纪80年代中后期人工智能的繁荣。但到了1987年，专家系统后继乏力，神经网络的研究也陷入瓶颈，LISP（list processing，表处理）机的研究也最终失败。人工智能又经历了一次从繁荣到低谷的过程。

（3）第三阶段（20世纪90年代末至今）。1997年，IBM公司的"深蓝"战胜了国际象棋世界冠军卡斯帕罗夫，全世界的眼光又一次被人工智能吸引。随着互联网时代的到来和计算机性能的不断提升，人工智能开始进入复苏期。IBM公司提出"智慧地球"，我国也提出"感知中国"。物联网、大数据、云计算等新兴技术的快速发展，以及大规模标注数据集的出现，为机器学习奠定了坚实的基础，一大批特定领域的人工智能项目纷纷取得突破性进展并落地。在深度学习算法的助推下，人工智能被广泛应用到各行各业，深刻地影响着人们的生活和工作。如今，我们正处在人工智能技术爆发的风口上。

2. 算法与数据标注的关系

目前，深度学习是人工智能最重要的技术范式，其表现形式主要有以下4种：监督学习、无监督学习、半监督学习和强化学习。其中，利用监督学习训练出来的模型在现实场景中的应用效果相对较好，是人工智能技术落地的首选方式。

（1）监督学习。监督学习是深度学习的一种方式，它是通过学习已标注数据集的特征来建立一个模型，在经过多轮的迭代训练后，这个模型可以自行识别未经标注的数据。例如，在图像分类和人脸检测等领域，标注的数据量越大，算法的性能就越好。

（2）无监督学习。无监督学习也是深度学习的一种方式。与监督学习不同，无监督学习是使用没有标注的数据集中学习，其特点是仅对此种网络提供输入范例，算法自动从这些输入范例中找出隐含结构或潜在规则；当学习完毕并经过测试后，无监督学习模型也可以应用到新的案例上。

（3）半监督学习。半监督学习是监督学习与无监督学习相结合的一种深度学习方式，它在使用大量的未标记数据同时，使用少量标记数据来进行模型训练。与全部使用标记数据的监督学习相比，半监督学习的训练精度虽然有所降低，但其训练成本下降明显。与无监督学习相比，半监督学习迭代速度和算法收敛较快。

（4）强化学习。强化学习也称再励学习、评价学习或增强学习，是深度学习的另一种方式。它用于描述和解决智能体（agent）在与环境的交互过程中，通过学习策略以达成回报最大化实现特定目标的问题。强化学习主要针对没有标注数据集的场景，通过某种方法（如回报函数）来判断算法是否越来越接近目标。

3. 人工智能训练师的职业生涯

人工智能是新一轮产业变革的核心驱动力，将进一步释放历次科技革命和产业变革积蓄的巨大能量，并创造新的强大引擎，重构生产、分配、交换、消费等经济活动各环节，形成从宏观到微观各领域的智能化新需求，催生新技术、新产品、新产业、新业态和新模式。人工智能正在与各行各业快速融合，助力传统行业转型升级、提质增效，我国高度重视人工智能的技术进步与产业发展，人工智能已上升为国家战略。为了进一步促进人工智能从业人员的职业素养，推动人工智能技术应用的快速落地，人力资源社会保障部制定颁布了《人工智能训练师国家职业技能标准（2021 年版）》。

根据该标准，人工智能训练师（职业编码 4-04-05-05）的定义为：使用智能训练软件，在人工智能产品实际使用过程中进行数据库管理、算法参数设置、人机交互设计、性能测试跟踪及其他辅助作业的人员。它包括数据标注员和人工智能算法测试员两个工种，分为 5 个等级：五级 / 初级工、四级 / 中级工、三级 / 高级工、二级 / 技师、一级 / 高级技师。

人工智能训练师的主要工作任务是标注和加工原始数据、分析提炼专业领域特征，训练和评测人工智能产品相关的算法、功能和性能，设计交互流程和应用解决方案，监控分析管理产品应用数据、调整优化参数配置等，其具体职责如下。

（1）提供数据标注规则。通过算法聚类、标注分析等方式，从数据中提取行业特征场景，并结合行业知识，提供表达精准、逻辑清晰的数据标注规则，最终确保数据训练效果能满足产品的需求。

（2）数据验收及管理。参与模型搭建和数据验收，并负责核心指标和数据的日常跟踪维护。

（3）积累领域通用数据。根据细分领域的数据应用要求，从已有数据中挑选符合要求的通用数据（适用于相同领域内的不同用户），形成数据的沉淀和积累。

随着人工智能技术的飞速发展，各应用领域对高质量数据的要求将越来越迫切。作为提高数据质量的关键环节，数据标注的重要性在不断突显，但它也将面临一些问题和挑战。人工智能训练师应该勇于面对挑战，不断学习新技术，规划好自己的职业生涯，为把我国建设成为"智能制造"强国做出自己的贡献。

二、单元总结

1. 讨论

（1）举例说明人工智能技术应用为日常生活带来的好处。

（2）谈谈自己对人工智能训练师的职业憧憬。

2. 小结

通过本学习单元的学习，学员应了解人工智能的曲折发展历程，认清高质量的数据是人工智能技术应用落地的重要基石。一名人工智能训练师应该规划好自己的职业生涯，不断进取，在岗位上发光发热。

三、单元练习

1. 深度学习的 4 种表现形式是什么？

2. 简述人工智能训练师的职业定义。

学习单元2　数据标注员岗位认知

任务描述

　　数据标注员是人工智能训练师的一个工种。为了履行好自己的岗位职责，本学习单元将介绍数据标注的特点和标注行业的发展前景，以及数据标注员应具备的职业操守和法律知识。

学习目标

　　1. 了解数据标注的特点、数据标注行业的发展前景。

　　2. 熟悉并理解职业道德要求及职业守则。

　　3. 熟悉相关的法律知识。

一、背景知识

1. 数据标注的特点

　　数据标注是提高数据质量的重要环节，它具有以下特点。

　　（1）数据标注内容的颗粒度小。对文本、音频、图像、视频等进行数据标注时，先根据实际应用场景提炼出数据标注需求，进而通过多种方法进行标注，得到预期的标注结果，再进行算法训练。数据标注内容的颗粒度越细越好，要尽可能地覆盖所有可能性。

　　（2）数据标注需求量大。人工智能算法的训练一般需要训练集、测试集和验证集，三者的比例一般为7：2：1。特定场景下的算法对标注数据的需求量非常大。例如，截至2010年，ImageNet项目（一个计算机视觉系统识别项目）已收集到167个国家的4万多名数据标注员提供的约1 400万张标注过的图像，分为2万多类。

　　（3）数据标注需求迭代快。人工智能模型最终都要落地到具体的应用场景，为了使训练模型能有更好的效果，在数据标注阶段，数据需求方可能会不断调整数据标注需求。因此，项目管理人员要经常与数据需求方沟通，数据标注员也要及时根据变化了的数据标注规则进行重新标注。另外，在不同阶段，数据需求方的项目不同，对数据标注的要求也会有很大的不同。

2. 数据标注行业的发展前景

　　数据标注行业前景广阔，但也面临诸多挑战。数据标注的准确性决定了人工智能算法的有效性。因此，数据标注不仅需要系统的方法、技术和工具，还需要质量保障体系。数据标注行业目前处于初级阶段，相关的技术还不完善，在各个节点都有极大的优化潜力和发展空间。

在可预见的行业变革期内，无论是中小型数据服务供应商，还是品牌数据服务供应商，都无法在这场变革中独善其身，唯有不断提升自身技术实力、快速迭代自身业务以适应需求变化，并打造品牌与实力的双重口碑效应，才能在激烈的市场竞争中更具优势，建立技术壁垒，从而保证自身在竞争中立于不败之地，竞争是行业健康发展的最佳动力。

3. 职业道德

职业道德是与职业活动紧密联系的，符合职业特点要求的道德准则、道德情操与道德品质的总和。每个从业人员，不论从事哪种职业，在职业活动中都要遵守职业道德。如教师要遵守教书育人、为人师表的职业道德，医生要遵守救死扶伤的职业道德等。

职业道德不仅是从业人员在职业活动中的行为标准和要求，而且是本行业对社会所承担的道德责任和义务。职业道德是社会道德在职业生活中的具体化，可以从以下 4 点来理解职业道德。

（1）在内容方面，职业道德总是要鲜明地表达职业义务、职业责任，以及职业行为上的道德准则。它不是反映社会道德和阶级道德的要求，而是反映职业、行业乃至产业特殊利益的要求；它不是在一般意义上的社会实践基础上形成的，而是在特定的职业实践的基础上形成的，因此它往往表现为某一职业特有的道德传统和道德习惯，表现为从事某一职业的人们所特有道德心理和道德品质，甚至造成从事不同职业的人们在道德品质上的差异。

（2）在表现形式方面，职业道德往往比较具体、灵活、多样。它总是从本职业的交流活动的实际出发，采用制度、守则、公约、承诺、誓言、条例，以至标语口号之类的形式，这些灵活的形式既易于为从业人员所接受和实行，又易于形成一种职业的道德习惯。

（3）从调节的范围来看，职业道德一方面用来调节从业人员内部关系，加强职业、行业内部人员的凝聚力；另一方面用来调节从业人员与其服务对象之间的关系，塑造本职业从业人员的形象。

（4）从产生的效果来看，职业道德与各种职业要求和职业生活结合，形成比较稳定的职业心理和职业习惯。

4. 职业守则

职业守则是按照各个职业的特点、性质、地位和作用，根据自身职业要求制定，需要全体从业人员共同遵循和维护的规范和准则。不同的行业，其职业守则也不一样。人工智能训练师在做到诚实公正、严谨求是、遵章守法、恪尽职守、勤勉好学、追求卓越的前提下，还需特别关注数据安全和数据隐私的保护，这是因为数据是人工智能公司最重要的核心资源。在现代社会经济生活中，个人和企业都在产生和处理大量敏感信息，包括个人身份、财务和医疗记录、商业机密等，如果这些信息被泄露、盗窃或滥用，会对个人、企业和社会带来严重的影响。基于此，许多数据服务公司也正在研究如何从技术角度更好地保证数据的安全性，目前已产生了如数据治理、数据分割、数据安全传输和区块链等技术。

（1）数据治理。数据治理是指对于数据采集、数据处理、数据清洗、数据标注到数据交付整个项目生命周期每个阶段进行识别、度量、监控、预警等一系列管理措施。

（2）数据分割。数据分割是指将待标注数据进行最小可标注颗粒度分割，然后经由平台分发给互不知情的数据标注员来进行数据标注，平台分发回收均由接口完成。

（3）数据安全传输。为了避免数据在数据传输过程中被窃取、复制等，必须对数据传输过程进行压缩、加密等操作。

（4）区块链。基于区块链的数据标注平台采用强加密算法及分布式技术来确保数据安全。

5. 相关法律知识

合格的人才必须兼具专业知识和法律意识。人工智能训练师除了要掌握本领域的各项技术技能外，还要对相关的法律法规有所了解。以下简单介绍劳动法、劳动合同法、网络安全法和知识产权法。

（1）劳动法。劳动法是调整劳动关系以及与劳动关系密切联系的社会关系的法律规范的总称，其内容主要包括：劳动者的主要权利和义务，劳动就业方针政策及录用职工的规定，劳动合同的订立、变更与解除程序的规定，集体合同的签订与执行办法，工作时间与休息时间制度，劳动报酬制度，劳动卫生和安全技术规程等。《中华人民共和国劳动法》是为了保护劳动者的合法权益、调整劳动关系、建立和维护适应社会主义市场经济的劳动制度、促进经济发展和社会进步，根据宪法制定的，1994 年 7 月 5 日经第八届全国人民代表大会常务委员会第八次会议审议通过，自 1995 年 1 月 1 日起施行。

（2）劳动合同法。劳动合同法对劳动合同的订立、履行、变更、解除、终止做出了详细的规定，此外还有关于集体合同、劳务派遣及非全日制用工的相关条款，规定了监督检查机构及违反国家法律制度的法律责任和附则。劳动合同法是调整劳动关系最重要的法律之一，是劳动法律体系的核心。《中华人民共和国劳动合同法》2007 年 6 月 29 日经第十届全国人民代表大会常务委员会第二十八次会议审议通过，自 2008 年 1 月 1 日起实施，2012 年 12 月进行了修正。劳动合同法对我国劳动关系现状以及发展趋势做了较为准确的判断，对市场经济体制下的劳动力市场做了进一步的规范，为维护当事人的合法利益、和谐劳动关系提供了重要的法律依据。

（3）网络安全法。《中华人民共和国网络安全法》（以下简称《网络安全法》）有 3 个基本原则。一是网络空间主权原则，《网络安全法》第 1 条立法目的开宗明义，明确规定要维护我国网络空间主权。第 2 条明确规定《网络安全法》适用于我国境内网络以及网络安全的监督管理。这是我国网络空间主权对内最高管辖权的具体体现。二是网络安全与信息化发展并重原则，习近平总书记指出，安全是发展的前提，发展是安全的保障，安全和发展要同步推进。《网络安全法》第 3 条明确规定，国家坚持网络安全与信息化发展并重，遵循积极利用、科学发展、依法管理、确保安全的方针；既要推进网络基础设施建设，鼓励网络技术创新和应用，又要建立健全网络安全保障体系，提高网络安全保护能力，做到"双轮驱动、两翼齐飞"。三是共同治理原则，网络空间安全建设仅依靠政府的努力是无法实现的，还需要企业、社会组织、技术社群和公民等网络利益相关者的共同参与。《网络安全法》坚持共同治理原则，要求采取措施鼓励全社会共同参与，政府部门、网络建设者、网络运营者、网络服务提供者、网络行业相关组织、高等院校、职业学校、社会公众等都应根据各自的角色参与网络安全治理工作。

（4）知识产权法。知识产权也称"智力成果权""智慧财产权"。知识产权是因为人类智力活动的独特性而产生的一种权利，保护个人的智力成果不受他人侵犯。每个个体的意识活动都是不同的，因而知识产权保护必不可少，这是知识产权产物在投入使用过程中的重要一环。《中华人民共和国民法典》规定民事权利主体享有知识产权，知识产权是指民事权利主体（自然人、法人）基于创造性的智力成果。知识产权具有无形性、专有性、地域性和时间性4个特点。我国十分重视知识产权的保护，出台了一系列相关的法律法规，主要包括《中华人民共和国著作权法》《计算机软件保护条例》《中华人民共和国专利法》《中华人民共和国商标法》《中华人民共和国反不正当竞争法》等。

二、单元总结

1. 讨论

（1）数据标注的特点是什么？

（2）人工智能训练师的职业守则有哪些？

（3）法律与人工智能训练师有哪些较密切的关系？

2. 小结

通过本学习单元的学习，学员对数据标注员的职业特点和岗位职责要有清晰的认识。在履行岗位职责时，要遵守相关职业道德和职业守则，做一个遵纪守法的数据标注员。

三、单元练习

请描述《网络安全法》的3个基本原则。

课　程 0-2

人工智能训练师通用知识

学习单元 1　Python 基础

任务描述

Python 是一种简单、易读、易记的编程语言，它是开源的，可供用户免费自由使用。Python 可以用类似英语的语法编写程序，编译比较方便，学习起来也较轻松。本学习单元将介绍 Python 的基础知识。

学习目标

1. 了解 Python 的版本。
2. 熟练掌握 Python 解释器。

一、背景知识

1. Python 简介

在科学领域，特别是在机器学习、数据科学领域，Python 被大量使用。Python 除了高性能之外，还凭借着 NumPy、Pandas、SciPy 等优秀的工具库，在数据科学领域具有明显的优势。

2. Python 的安装

Python 有 Python 2.x 和 Python 3.x 两个版本。因此，在安装 Python 时，需要慎重选择安装 Python 的哪个版本。这是因为两个版本之间没有兼容性（严格地讲，是没有"向后兼容性"），也就是说，会发生用 Python 3.x 写的代码不能被 Python 2.x 执行的情况。建议用户使用 Python 3.x 版本。

Python 的安装方法有很多种，推荐使用 Anaconda 这个发行版。该发行版集成了必要的库，使用户可以一次性完成安装。Anaconda 是一个侧重于数据分析的发行版，NumPy、Matplotlib 等有助于数据分析的库都包含在其中。

 小贴士

使用 Anaconda 发行版也需要安装 3.x 的版本，用户可从官方网站下载与自己的操作系统相应的发行版，然后安装。

完成 Python 的安装后，用户要先确认一下 Python 的版本。打开终端（Windows 系统中的命令行窗口），输入"python--version"，即可输出已经安装的 Python 的版本信息。

3. Python 的使用

Python 程序的运行有多种方式。当在命令行中输入 Python 后，用户就能够以"对话模式"执行 Python 程序了。以下使用此对话模式来介绍 Python 的简单用法。

（1）注释。注释是 Python 解释器不执行的语句，经常用来解释或描述编程思路。Python 中的注释分为行注释和块注释两种。

1）行注释，以 # 开头，不可跨行，示例如下。

```
print("Hello,AI!")                #输出字符串
```

2）块注释，以双三引号注释语句块，可跨行，示例如下。

```
"""
Spyder Editor
This is a temporary script file.
"""
```

（2）行与缩进。在 Python 中，对于类定义、函数定义、流程控制语句、异常处理语句等，行尾的冒号和下一行的缩进表示下一个代码块的开始，而缩进的结束则表示此代码块的结束。Python 对代码的缩进可以使用空格或者 Tab 键实现，无论是手动敲空格，还是使用 Tab 键，通常情况下都是采用 4 个空格长度作为一个缩进量（默认情况下，一个 Tab 键就表示 4 个空格），示例如下。

```
if a==0:
    print("a 为 0!")
else:
    print("a 不为 0!")
```

（3）算术计算。Python 有多种算术运算符，如加、减、乘、除等，示例如下。

```
>>> 1 – 2
–1
>>> 4 * 5
20
```

（4）数据类型。程序中使用数据类型（data type）表示数据的性质，如整数、小数、字符串等。Python 中的 type() 函数可以用来查看数据类型，示例如下。

```
>>> type(10)
<class 'int'>
>>> type(2.718)
<class 'float'>
>>> type("hello")
<class 'str'>
```

根据上面的结果可知，10 是 int 类型（整型），2.718 是 float 类型（浮点型），"hello" 是 str 类型（字符串型）。另外，在 Python 中，"类型" 和 "类" 这两个词有时表示相同的意思。这里，对于输出结果 <class 'int'>，可以将其解释成 "10 是 int 类（类型）"。

（5）变量。编程经常要使用变量。变量即其值是可以改变的，通常使用 x 或 y 等字母来命名变量。在程序中，可以使用变量进行计算，也可以对变量赋值。示例如下。

```
>>> x = 10              # 初始化
>>> print(x)            # 输出 x
10
```

（6）列表。在 Python 中，除了单一的数值，还可以用列表（数组）汇总数据。示例如下。

```
>>> a = [1, 2, 3, 4, 5]          # 生成列表
>>> print(a)                     # 输出列表的内容
[1, 2, 3, 4, 5]
>>> len(a)                       # 获取列表的长度
5
>>> a[0]                         # 访问第一个元素的值
1
```

列表中元素的访问是通过 a[0] 这样的方式进行的。[] 中的数字被称为索引或下标，索引从 0 开始（索引 0 对应第一个元素）。此外，Python 的列表提供了切片（slicing）这一便捷的标记法。使用切片不仅可以访问某个值，还可以访问列表的子列表（部分列表）。示例如下。

```
>>> print(a)
[1, 2, 3, 4, 5]
>>> a[0: 2]              # 获取索引为 0 到 2（不包括 2）的元素
[1, 2]
>>> a[1:]               # 获取从索引为 1 的元素到最后一个元素
[2, 3, 4, 5]
>>> a[:3]               # 获取从第一个元素到索引为 3（不包括 3）的元素
[1, 2, 3]
```

```
>>> a[:-1]                            # 获取从第一个元素到最后一个元素的前一个元素之间
                                      的元素
[1, 2, 3, 4]
```

进行列表切片时，需要写成 a[0:2] 这样的形式。a[0:2] 用于获取从索引为 0 的元素到索引为 2 的元素的前一个元素之间的元素。另外，索引 –1 对应最后一个元素。

（7）字典。列表根据索引，按照 0、1、2……的顺序存储值，而字典则以键值对的形式存储数据。示例如下。

```
>>> me = {'height':180}               # 生成字典
>>> me['height']                      # 访问元素
180
```

（8）选择结构 if 语句。在编程中，需要根据不同的条件选择不同的处理分支时，可以使用 if...else 语句。示例如下。

```
>>> hungry = True
>>> if hungry:
...     print("I'm hungry")
...
>>> hungry = False
>>> if hungry:
...     print("I'm hungry")           # 使用空白字符进行缩进
... else:
...     print("I'm not hungry")
...     print("I'm sleepy")
...
```

（9）循环结构 for 语句。在编程中，如要重复执行某些语句，可以使用 for 语句。示例如下。

```
>>> for i in [1, 2, 3]:
...     print(i)
...
```

以上是输出列表 [1, 2, 3] 中的元素的例子。使用 for...in 语句可以按顺序访问列表等数据集合中的各个元素。

（10）函数。函数是进行模块化编程的工具，可以将完成某种功能的一连串的处理语句定义成函数（function）。在程序中，通过函数名就能调用函数完成特定的功能。示例如下。

```
>>> def hello():
...     print("Hello AI!")
...
```

（11）关闭 Python 解释器。在 Linux 或 Mac OS X 系统中，输入 Ctrl+D（按住 Ctrl 键，再按 D 键）即可退出 Python；在 Windows 系统中，则输入 Ctrl+Z，再按 Enter 键即可退出 Python。

二、任务实施

本学习单元的任务是根据身体质量指数（body mass index，BMI），判断某人的体重是否正常。BMI 是目前国际上常用的衡量人体胖瘦程度以及是否健康的一个指标。它的计算公式是：BMI= 体重 ÷（身高 × 身高）（体重除以身高的平方），其中，体重的单位是千克，身高的单位是米。中国人的 BMI 参考标准如下。

BMI<18.5 为偏瘦；

18.5<BMI<24 为正常；

24 ≤ BMI<28 为偏胖；

BMI ≥ 28 为肥胖。

数据标注员小张学习了 Python 的基础知识后，准备用 Python 来完成本学习单元的任务。具体步骤见表 0–1。

表 0–1　　　　　　　　　　　　　　　　BMI 计算

步　骤	说　明
第一步：输入体重	```In [*]: mass = float(input('输入体重(公斤):'))
         height = float(input('请输入身高(米)'))

输入体重(千克): 75``` |
| 第二步：输入身高 | ```In [*]: mass = float(input('输入体重(千克):'))
         height = float(input('请输入身高(米)'))

输入体重(千克):75

请输入身高(米) 1.72``` |
| 第三步：通过体重与身高计算 BMI | ```In [4]: bmi = mass/(height*height)``` |
| 第四步：用 if...elif 语句判断 BMI 指标 | ```In [5]: if bmi < 18.5:
              body='偏瘦'
          elif 18.5 <= bmi and bmi < 24:
              body='正常'
          elif 24 <= bmi and bmi < 28:
              body='超重'
          elif bmi >= 28:
              body='肥胖'``` |
| 第五步：用 print 语句输出计算结果 | ```In [6]: print('你的bmi是:{}'.format(bmi))
          print(body)

你的bmi是:25.351541373715524
超重``` |

三、单元总结

1. 讨论

（1）Python 有什么特点？为什么使用 Python？

（2）如何定义一个 Python 的函数，请举例说明。

2. 小结

本学习单元简单介绍了 Python 的基础知识，包括安装、基本语法，数据类型及程序结构等。要想成长为一名优秀的人工智能训练师，还需要大家在实际工作中深入学习 Python 的相关知识。

四、单元练习

在理解本学习单元的示例代码基础上，编写一个函数完成示例任务。参考代码位于配套资料 data[①] 目录中 "0-2-1" 文件夹下。

学习单元 2　NumPy 基础

NumPy（numerical Python）是 Python 的一个扩展库，可以用它来进行大规模的数组运算。此外，它还为简化数组运算提供了大量的数学函数库。本学习单元将介绍 NumPy 的基础知识。

1. 理解 NumPy 的功能。

2. 掌握 NumPy 的数组相关操作。

一、背景知识

1. NumPy 简介

在数据分析和智能系统的实现中，经常出现大量数组和矩阵计算，NumPy 的数组类

---

① 下载地址为 https://www.class.com.cn/fg/#/digital/annexDetail?id=b0688d60cb39d18536dcdb6dd0a89f0d。

（NumPy.array）为此提供了很多便捷的方法，在分析与处理数据时会经常使用这些方法。

2. 导入 NumPy

NumPy 是外部库。这里所说的"外部"是指不包含在标准版 Python 中，因此，要先导入 NumPy 库。示例如下。

```
>>> import numpy as np
```

Python 中使用 import 语句来导入库。这里的 import numpy as np，直译即"将 numpy 作为 np 导入"，以后 NumPy 相关的方法均可通过 np 来调用。

3. 生成 NumPy 数组

要生成 NumPy 数组，需要使用 np.array() 方法。np.array() 方法接收 Python 列表作为参数，生成 NumPy 数组（numpy.ndarray）。示例如下。

```
>>> x = np.array([1.0, 2.0, 3.0])
>>> print(x)
[ 1. 2. 3.]
>>> type(x)
<class 'numpy.ndarray'>
```

4. NumPy 的算术运算

以下简单介绍几个 NumPy 数组的算术运算例子。示例如下。

```
>>> x = np.array([1.0, 2.0, 3.0])
>>> y = np.array([2.0, 4.0, 6.0])
>>> x + y                      # 对应元素的加法
array([ 3., 6., 9.])
>>> x * y                      # element-wise product
array([ 2., 8., 18.])
>>> x / y
array([ 0.5, 0.5, 0.5])
```

注意，数组 x 和数组 y 的元素个数是相同的（两者均是元素个数为 3 的一维数组）。当 x 和 y 的元素个数相同时，可以对各个元素进行算术运算。如果元素个数不同，程序就会报错，所以元素个数保持一致非常重要。另外，"对应元素的"的英文是 element-wise，"对应元素的乘法"就是 element-wise product。

5. NumPy 的 N 维数组

NumPy 不仅可以生成一维数组（排成一列的数组），也可以生成多维数组。例如，可以生成如下的二维数组（矩阵）。

```
>>> A = np.array([[1, 2], [3, 4]])
>>> print(A)
[[1 2]
```

[3 4]]

>>> A.shape

(2, 2)

>>> A.dtype

dtype('int64')

以上生成了一个 2×2 的矩阵 A。另外，矩阵 A 的形状可以通过 shape 属性查看，矩阵元素的数据类型可以通过 dtype 属性查看。以下是矩阵的算术运算。

>>> B = np.array([[3, 0],[0, 6]])

>>> A + B

array([[4, 2],

      [3, 10]])

>>> A * B

array([[3, 0],

      [0, 24]])

6. 访问元素

在 NumPy 中，元素的索引是从 0 开始的。对各个元素的访问可按以下方式进行。

>>> X = np.array([[51, 55], [14, 19], [0, 4]])

>>> X[0]   # 第 0 行

array([51, 55])

>>> X[0][1]   # (0,1) 的元素

55

7. NumPy 常用函数

NumPy 中有许多功能强大的函数，其中常用函数见表 0–2。

表 0–2   NumPy 常用函数

函　　数	功　　能	函　　数	功　　能
sum()	求和	min()	最小值
mean()	求平均值	argmin()	返回最小数的索引值
max()	最大值	argmax()	返回最大数的索引值

二、任务实施

本学习单元的任务是先用 NumPy 创建两个 2×2 的数组 X 和 Y，然后将 X 和 Y 相加得到 Z，最后求出 Z 的最大值及索引位置。数据标注员小张在学习了 NumPy 的基础知识后，准备通过以下步骤完成任务，见表 0–3。

表 0-3   NumPy 的数组操作

步　　骤	说　　明
第一步：导入 NumPy	`In [12]: import numpy as np`

第二步：创建数组 X	`In [13]: X = np.array([[1, 2], [3, 4]])`
	`print(X)`
	
	`[[1 2]`
	` [3 4]]`

第三步：创建数组 Y	`In [14]: Y = np.array([[5, 6], [7, 8]])`
	`print(Y)`
	
	`[[5 6]`
	` [7 8]]`

第四步：计算 $X+Y$，保存到 Z	`In [15]: Z = X + Y`
	`print(Z)`
	
	`[[ 6  8]`
	` [10 12]]`

第五步：计算 Z 的最大值	`In [16]: print(Z.max())`
	
	`12`

第六步：计算 Z 的最大值的索引值	`In [17]: print(Z.argmax())`
	
	`3`

三、单元总结

1. 讨论

（1）如何生成 NumPy 数组？请举例说明。

（2）请思考如何计算 NumPy 数组中的最小值并返回其索引值。

2. 小结

本学习单元主要介绍 NumPy 的基础知识，包括数组的创建、数组元素的访问，以及常用的函数等。NumPy 是 Python 一个很基础的模块，其重要性不言而喻，在后续相关的数据分析任务中都要使用，是学员应必知必会的一个模块，需要熟练掌握。

四、单元练习

熟练掌握本学习单元给出的示例代码，参考代码位于配套资料 data 目录中"0-2-2"文件夹下。

学习单元 3　Pandas 基础

Pandas 是 Python 的另一个重要扩展库，它提供了易于使用的高性能数据结果和数据分析工具，其数据分析的基础是 NumPy。在介绍了 Python 及 NumPy 之后，本学习单元将进一步介绍 Pandas 的基础知识。

1. 熟练掌握 Pandas 操作数据文件的方法。
2. 熟练掌握 Pandas 的数据类型。

一、背景知识

1. Pandas 简介

Pandas 是一个开源库，是 Python 的核心数据分析支持库，它提供了快速、灵活、明确的数据结构，旨在帮助用户简单、直观地处理关系型、标记型数据。它不仅可以从多种文件格式（如 CSV、JSON、SQL、XLSX 等）导入数据，还能对各种数据进行运算操作，如归并、再成形、选择等。因此，Pandas 被广泛应用于学术、金融、统计学等许多数据分析领域，它特别适合做数据清洗和数据加工。

2. Pandas 安装

Pandas 的安装很简单，直接使用 pip 命令即可，具体如下。

```
pip install pandas                # 使用 pip 命令来安装
```

Pandas 安装好后，其使用可以选择在 Jupyter Notebook 应用程序或 PyCharm 集成开发环境中进行。本学习单元的示例选择在 Jupyter Notebook 下演示。

3. Pandas 读取数据

在利用 Pandas 进行数据分析前，先要读取表格类型的数据。使用 Pandas 可以从许多文件格式中读取数据，具体方法见表 0-4。

表 0-4　　　　　　　　　　　读取文件格式

文件格式	说明	Pandas 读取方法
CSV、TXT	用逗号或 Tab 键分隔的纯文本文件	pd.read_csv
XLS、XLSX	电子表格文件	pd.read_excel
MysQL	MySQL 数据库表	pd.read_sql

4. Pandas 的数据结构

Pandas 的主要数据结构包括 Series（一维数据）与 DataFrame（二维数据），这两种数据结构足以处理大多数典型用例。Pandas 数据结构就像是低维数据的容器。例如，DataFrame 是 Series 的容器，Series 则是标量的容器。使用这种方式，可以在容器中以字典的形式插入或删除对象。

（1）Series。Series 是一种类似一维数组的对象，它由一组数据（不同数据类型）以及一组与之相关的数据签（索引）组成。常用操作如下。

1）用数据列表产生最简单的 Series：

s1 = pd.Series([1, 'a', 5.2, 7])

2）创建一个具有标签索引的 Series：

s2 = pd.Series([1, 'a', 5.2, 7],index=['d', 'b', 'a', 'c'])

3）使用 Python 字典创建 Series：

sdata={'Ohio':35000, 'Texas':72000, 'Oregon':16000, 'Utah':5000}

s3=pd.Series(sdata)

4）根据标签索引查询数据：

s2['a']

s2[['b', 'a']]

（2）DataFrame。DataFrame 是一个表格型的数据结构，它含有一组有序的列，每列可以是不同的值类型（数值、字符串、布尔型）。DataFrame 既有行索引也有列索引，它可以被看成是由 Series 组成的字典（共同用一个索引）。如：

data={

'state': ['Ohio', 'Ohio', 'Ohio', 'Nevada', 'Nevada'],

'year': [2000, 2001, 2002, 2001, 2002],

'pop': [1.5, 1.7, 3.6, 2.4, 2.9]

}

df = pd.DataFrame(data)

从 DataFrame 中查询出 Series，如果只查询一行、一列，返回的是 pd.Series；如果查询多行、多列，返回的是 pd.DataFrame，查询方式与功能见表 0–5。

表 0-5　　　　　　　　　　　DataFrame 查询方式与功能

DataFrame 查询方式	功　　能
查询一列，结果是一个 pd.Series	In [35]: df['year'] Out[35]: 0 2000 1 2001 2 2002 3 2001 4 2002 Name: year, dtype: int64 In [36]: type(df['year']) Out[36]: pandas.core.series.Series
查询多列，结果是一个 pd.DataFrame	In [38]: df[['year','pop']] Out[38]: 　　year　pop 0　2000　1.5 1　2001　1.7 2　2002　3.6 3　2001　2.4 4　2002　2.9 In [39]: type(df[['year','pop']]) Out[39]: pandas.core.frame.DataFrame
查询一行，结果是一个 pd.Series	In [40]: df.loc[1] Out[40]: state Ohio year 2001 pop 1.7 Name: 1, dtype: object In [41]: type(df.loc[1]) Out[41]: pandas.core.series.Series
查询多行，结果是一个 pd.DataFrame	In [42]: df.loc[1:3] Out[42]: 　　state　year　pop 1　Ohio　2001　1.7 2　Ohio　2002　3.6 3　Nevada　2001　2.4 In [43]: type(df.loc[1:3]) Out[43]: pandas.core.frame.DataFrame

二、任务实施

数据标注员小张对目标检测样本进行了标注，并将各类别的标注数量填写在 Samples.cvs 文件中。由于一时疏忽，他遗漏了卡车类别的记录。本任务使用 Pandas 从 Samples.cvs 文件中读取数据，对数据表进行补充，并统计相关的标注信息，任务要求如下。

1. 增加一条记录（卡车，4 000）。

2. 查找标注数量超过 1 000 的类别。

3. 按照标注数量从低到高排序。

4. 统计类别的平均标注量与标注总量。

数据导出的步骤见表 0-6。

表 0-6　　　　　　　　　　数据导出

步　骤	说　明
第一步：导入 Pandas	In [31]: `import pandas as pd`
第二步：读取数据文件	In [32]: `data = pd.read_csv("Samples.csv")` `data` Out[32]: 　样本类别　标注数量 0　行人　10000 1　公交车　200 2　轿车　500 3　电瓶车　1000 4　自行车　6000
第三步：增加卡车标注记录	In [33]: `dit={'样本类别':'卡车','标注数量':4000}` `s=pd.Series(dit)` `s.name=5` `data=data.append(s)` `data` Out[33]: 　样本类别　标注数量 0　行人　10000 1　公交车　200 2　轿车　500 3　电瓶车　1000 4　自行车　6000 5　卡车　4000

续表

步　　骤	说　　明

第四步：查找标注数量超过 1 000 的记录	```
	In [34]: data[data.标注数量>1000]
	Out[34]:
	       样本类别 标注数量
	    0 行人 10000
	    4 自行车 6000
	    5 卡车 4000
	``

第五步：统计平均标注量	``` In [36]: data['标注数量'].mean() Out[36]: 3616.6666666666665 ```
第六步：统计标注总量	``` In [37]: data['标注数量'].sum() Out[37]: 21700 ```

三、单元总结

1. 讨论

（1）使用 Pandas 能读取哪些类型的文件？请说出各类型的文件分别使用什么函数来读取。

（2）请说出 Pandas 中主要的数据结构。

2. 小结

本学习单元介绍了 Pandas 的基础知识，包括 Pandas 的安装、数据文件的读取，以及两种重要数据类型及其操作方法。Pandas 是最适合进行数据科学相关操作的工具之一，它提供了快速、灵活、明确的数据结构，旨在帮助用户简单、直观地处理关系型、标记型数据。在后续任务中，数据的导入、清洗、处理、统计和输出等都需要使用 Pandas。

四、单元练习

熟练掌握本学习单元给出的示例代码，参考代码位于配套资料 data 目录中"0-2-3"文件夹下。

学习单元4　Excel 应用

任务描述

　　人工智能训练师通常需要掌握 Windows 系统及 Linux 系统的基本操作，同时要掌握一些常用软件的应用，本学习单元将介绍 Microsoft Office Excel（以下简称 Excel）的使用。

学习目标

　　1. 了解 Excel 的功能。

　　2. 熟悉 Excel 的应用。

一、背景知识

1. Excel 电子表格工具

　　Excel 是一个电子表格软件，它的文件由一系列行和列构成，形成一个个网格，多个网格构成一个工作表，工作表中可以存放文本、数值、公式等元素。一个文件就是一个工作簿，其中可以建立多个工作表。Excel 主要有以下功能。

　　（1）数据存储。

　　（2）数据分析。

　　（3）数据计算。

　　（4）利用图表展示数据。

　　（5）办公自动化。

　　（6）信息的传递和共享，处理大数据、商业智能、Power BI、Power Query、Power Pivot 等大量数据。

　　在实际的工作中，使用 Excel 可以大大提高工作效率，例如，在处理与分析标注数据时，就会用到 Excel 的统计与分析功能。

2. Excel 的基本操作

　　Excel 的功能非常强大，学员可通过实施具体的工作任务提高 Excel 的操作技能。下面通过一个简单的任务，介绍两个在数据清洗时常用的函数 right() 和 replace()。本任务操作数据如图 0-4 所示，该任务是要将数据集中"图像名列表"列中的图像文件

	A	B
	图像名列表	效果
2	[00]img001.jpg	img001.jpg
3	[11]img002.jpg	img002.jpg
4	[22]img003.jpg	img003.jpg
5	[33]img004.jpg	img004.jpg
6	[44]img005.jpg	img005.jpg
7	[55]img006.jpg	img006.jpg
8	[66]img007.jpg	img007.jpg
9	[77]img008.jpg	img008.jpg
10	[88]img009.jpg	img009.jpg

图 0-4　操作数据

名提取出来，存放在"效果"列。提取 Excel 单元格中的指定内容是 Excel 比较基础的操作，可以使用两种函数完成此任务。

（1）RIGHT() 函数。要将"图像名列表"列中的"[00]"样式的字符清除，然后提取后面的具体文件名，可以使用 RIGHT() 函数提取指定字符串。

公式：=RIGHT(A2, LEN(A2)−LEN("[00]"))

以上公式中包含了两个函数，RIGHT() 函数用于提取字符，LEN() 函数用于计算字符数，由于 A 列的单元格内容是固定格式的前缀，都是中括号中间两个字符，然后跟一个空格，如"[00]"，因此可以直接套用 LEN() 函数，以省去使用 FIND() 函数的嵌套。

（2）REPLACE() 函数。除用 RIGHT() 函数提取指定字符串外，还可以用 REPLACE() 函数清除"[00]"样式的字符来完成任务。

公式：=REPLACE(A2, 1, 4,"")

以上公式中有 4 个参数。第 2 个参数是开始的字符位置，第 3 个参数是字符数量。操作时，可以根据固定前缀的字符数，直接输入第 3 个参数的值（本任务中为 4）。第 4 个参数是要替换的文本，可直接输入双引号，即表示空值。

二、任务实施

通过背景知识的学习，数据标注员小张熟悉了与任务相关的函数公式，准备通过以下步骤完成本学习单元任务。提取单元格文本步骤见表 0-7。

表 0-7　　　　　　　　　　　　　　提取单元格文本

步　骤	说　明
第一步：数据准备（手动输入数据或打开数据文件）	图像名列表 [00]img001.jpg [11]img002.jpg [22]img003.jpg [33]img004.jpg [44]img005.jpg [55]img006.jpg [66]img007.jpg [77]img008.jpg [88]img009.jpg
第二步：选中 C2 单元格，使用 RIGHT() 函数提取指定字符	

续表

步 骤	说 明
第三步：拖拽 C2 单元格式右下角小方块到 C10 单元格	
第四步：选中 D2 单元格，用 REPLACE() 函数替换并删除其中数据	
第五步：拖拽 C2 单元格式右下角小方块到 D10 单元格	

三、单元总结

1. 讨论

（1）简单描述 Excel 的主要功能。

（2）简单描述 RIGHT() 函数参数的含义。

2. 小结

本学习单元主要介绍了 Excel 的功能，学员可通过对单元格数据的提取任务来熟悉一些基本操作。Excel 在数据分析方面的应用很广泛，是需要重点掌握的工具。对于数据标注员来说，掌握 Excel 可以大大提高数据分析的效率，同时也可以提高个人专业技能。

四、单元练习

　　熟练掌握本学习单元给出的示例，对配套资料 data 目录中"0–2–4"文件夹下的 Excel 文件进行处理。

数据采集和处理

课 程 1-1

业务数据采集

学习单元 1　文本数据采集

党的二十大报告提出要"加快建设制造强国、质量强国、航天强国、交通强国、网络强国、数字中国"。在此背景下，数字经济正在成为产业转型升级的新引擎，而数据资源是数字经济的关键要素。在《中华人民共和国国民经济和社会发展第十四个五年规划和 2035 年远景目标纲要》中，大数据被纳入数字经济重点产业之一，其中数据采集被列入大数据中需要推动的技术创新，同时被纳入全生命周期产业体系。智能制造离不开生产数据这一要素。原始数据采集的质量是制造结果的重要保障，对于改善制造过程，提高制造过程的柔性和加工过程的集成性，提升产品生产过程的质量和效率起着关键作用。本学习单元将介绍如何利用 Python 工具，通过请求网站数据和解析数据来采集网页数据，并将采集到的数据存储在文本文件中。

1. 了解数据采集的概念。
2. 了解文本数据采集相关的 Python 库及函数。
3. 熟练掌握利用 Python 工具采集文本数据的方法。

一、背景知识

1. 数据采集

数据采集（data acquisition，DAQ）又称数据获取，是利用一种装置，从系统外部采集数据并输入系统内部的一个接口。数据采集技术广泛应用于各个领域。

2. Requests 库

Requests 库是一个用 Python 编写的 HTTP 请求库。

（1）Requests 库的安装和在 Python 中导入的命令如下。

安装：pip install requests

导入：import requests

（2）requests.get() 是获取 HTML 网页信息的主要方法。该方法声明如下。

r=requests.get(url, params=None, **kwargs)：对应 HTTP 中的 GET 请求，用于构造一个向服务器请求资源的 requests 对象。其中：r 为返回的一个包含服务器资源的 Response 对象；url 为拟获取页面 url；params 为字典或字节序列，作为参数增加到 url 中；**kwargs 为共计 12 个控制访问的参数（可选项），其中参数 timeout 为设定超时时间，以秒为单位。

Requests 库得到响应后获取请求，但从网页信息上获取的是全部信息，接下来要用 BeautifulSoup 库进行精准查找。

3. BeautifulSoup（bs4）库

BeautifulSoup 库是一个用于解析 HTML 或 XML 文件的库，使用它可以从 HTML 或 XML 文件中提取网页数据。它支持不同的解析器，抓取网页信息不需要编写正则表达式，是一个高效的网页解析库。

（1）BeautifulSoup 库的安装和在 Python 中导入的命令如下。

安装：pip install bs4

导入：from bs4 import BeautifulSoup

（2）解析过程。实例化 BeautifulSoup 对象，并将本地的 HTML 文件中的数据或者网页上获取的页面源码数据加载到该对象中，通过调用该对象中相关的属性或者方法进行标签定位和数据提取，语法格式如下。

soup = BeautifulSoup(markup='', features=None)

其中：soup 是 bs4.BeautifulSoup 对象；markup 是 .html 格式源代码的字符串对象或 XML 源代码的 element 对象；features 是解析器。BeautifulSoup 库的解析器有 4 种类型，见表 1-1。

表 1-1   BeautifulSoup 库的解析器类型

解析器	方　　法
Python 标准库	BeautifulSoup (markup, 'html.parser')
lxml html 解释器	BeautifulSoup (markup, 'lxml')
lxml xml 解释器	BeautifulSoup (markup, ['lxml', 'xml']) 或 BeautifulSoup (markup, 'xml')
html5lib	BeautifulSoup (markup, 'html5lib')

对于 HTML 或 XML 文件，BeautifulSoup 库用 DOM（document object model，文档对象模型）树来解析。DOM 树是树形节点集合，包括元素节点、文本节点和属性节点 3 种。元素节点即 HTML 或 XML 格式的标签，文本节点即标签内部的文本内容，属性节点即每个标签的

属性。BeautifulSoup 库即对 3 种节点的操作。树上每个节点都是一个对象，BeautifulSoup 库有 4 种对象可选，见表 1–2。

表 1–2　　　　　　　　　　　　　　　　　BeautifulSoup 库的对象

对象名称	描　　述
Tag 对象	即 HTML 文件中的一个个标签，可以利用 "soup+ 标签名" 获取标签的内容，对象的类型是 bs4.element.Tag
BeautifulSoup 对象	表示 HTML 或 XML 格式文件，该对象由 BeautifulSoup() 函数实例化
NavigableString 对象	标签内的文本对象，标签对中的字符串。如果拿到标签后，还想获取标签中的内容，则可以通过 tag.string 获取标签中的文字
Comment 对象	文件的注释部分及特殊字符串，是一个特殊类型的 NavigableString 对象

（3）BeautifulSoup 库提供了两个获取文本和标签属性的函数。

1）find (self, name=None, attrs={}, recursive=True, string=None,

　　　　　　**kwargs)

返回第一个匹配结果，其中，Name 为查找标签，attrs 为基于 attrs 的参数，recursive 为是否递归循环，string 为查找文本。

2）find_all(self, name=None, attrs={}, recursive=True, string=None,

　　　　　　　　limit=None, **kwargs)

返回所有匹配结果。

4. CSV 库

CSV 是 comma–separated values（逗号分隔值）的缩写，CSV 库是 Python 的内置库。CSV 文件由记录组成，记录间用换行符分隔；每条记录由字段组成，字段间的分隔符是其他字符或字符串，如逗号或制表符；CSV 文件以纯文本形式存储数字和文本。Python 中集成了专用于处理 CSV 文件的库，即 CSV 库。由于是 Python 内置库，因此 CSV 库不需要安装，使用时直接导入即可。CSV 库中的 4 个常用方法见表 1–3。

表 1–3　　　　　　　　　　　　　　　　　CSV 库中的常用方法

方法	描　　述
csv.writer()	返回一个 writer 类对象，该类以列表的形式写入数据
csv.reader()	返回一个 reader 类对象，该类以列表的形式读取数据
csv.DictWrite()	返回一个 Dictwriter 类对象，该类以字典的形式写入数据
csv.DictReader()	返回一个 DictReader 类对象，该类以字典的形式返回读取的数据

5. JSON 库

JSON 是 JavaScript object notation（JavaScript 对象表示法）的缩写，JSON 库是 Python 内置库，通过对象和数组的组合表示数据，采用完全独立于语言的文本格式，其结构化程度高，是轻量级的数据交换格式。JSON 是用于存储和交换数据的格式，常用于接口数据传输、序列化、配置文件等。Python 通过 JSON 库，将字符串或文件中的内容转为 JSON 字符串或 Python 的字典或列表。

 小贴士

库安装过程中如果报错，可以尝试更换 pip 源。

示例：

pip install 库名 –i https://pypi.tuna.tsinghua.edu.cn/simple/

以下为流行的 pip 源。

（1）https://pypi.tuna.tsinghua.edu.cn/simple/ 清华大学

（2）https://pypi.mirrors.ustc.edu.cn/simple/ 中国科学技术大学

（3）http://mirrors.aliyun.com/pypi/simple/ 阿里云

（4）http://pypi.douban.com/simple/--trusted–host pypi.douban.com 豆瓣

JSON 库中的 4 个常用方法见表 1-4。

表 1-4 　　　　　　　　　　　JSON 库中的常用方法

方　　法	描　　述
json.dumps()	将 Python 对象编码成 JSON 字符串
json.loads()	解码 JSON 数据，返回 Python 字段的数据类型
json.dump()	将 Python 对象编码成 JSON 数据并写入 JSON 文件中
json.load()	从 JSON 文件中读取数据并解码为 Python 对象

二、任务实施

本学习单元的任务是采集上海市当天的天气情况。数据采集员小王在熟悉了本学习单元的背景知识后，准备利用 Python 提供的 BeautifulSoup 框架，从中国天气网对上海市当天天气情况进行采集，并将采集到的数据保存到文本文件中。文本数据采集步骤见表 1-5。

表 1-5 　　　　　　　　　　　文本数据采集

步　　骤	说　　明
第一步：安装 Requests 库、BeautifulSoup 库	pip install requests pip install beautifulsoup4
第二步：导入库	import csv import json import requests from bs4 import BeautifulSoup from bs4.element import Tag

步　　骤	说　　明
| 第三步：网页请求 | ```python
#网页请求
def get_html_text(url):
    try:
        r = requests.get(url, timeout=30)
        r.raise_for_status()
        r.encoding = r.apparent_encoding
        print("访问成功")
        return r.text

    except:
        return "访问异常"
``` |
| 第四步：数据获取和解析 | ```python
#获取当天天气数据
def get_today_weather(body_tag: Tag):
    td_wea_list = []   # 存放当天的数据, list
    count = 0

    def get_today_json(_tag: Tag):
        # 获取当天数据的script
        weather_div = _tag.find_all('div', {'class': 'left-div'})
        td_data = weather_div[2].find('script').string

        # 将 script 数据变换成JSON 数据
        begin_index = td_data.index('=') + 1
        end_index = -2
        td_data = td_data[begin_index: end_index]
        td_json = json.loads(td_data)
        t_json = td_json['od']['od2']

        return t_json


    # 解析HTML文档
    def get_today(html: str):
        bs = BeautifulSoup(html, "html.parser")   # 创建BeautifulSoup对象
        body = bs.body
        td_wea_list = get_today_weather(body)   # 获取当天天气数据
        return td_wea_list
``` |
| 第五步：数据保存 | ```python
#保存文本文件
def write_to_csv(file_name,data,day=1):
    if not os.path.exists(file_name):
        with open(file_name, 'w', errors='ignore', newline='') as f:
            if day == 1:
                header = ['小时', '温度', '风力方向', '风级', '降水量',
                          '相对湿度', '空气质量']
            f_csv = csv.writer(f)
            f_csv.writerow(header)
            f_csv.writerows(data)

    else:
        with open(file_name, 'a', errors='ignore', newline='') as f:
            f_csv = csv.writer(f)
            f_csv.writerows(data)
``` |
```

续表

步　骤	说　明
第六步：结果显示	

表格内容：

	A	B	C	D	E	F	G	H
1	小时	温度	风力方向	风级	降水量	相对湿度	空气质量	
2	8	3	西北风	1	0	69	36	
3	7	3	北风	1	0	71	36	
4	6	3	北风	1	0	70	35	
5	5	3	南风	1	0	70	36	
6	4	3	东北风	1	0	68	34	
7	3	3	北风	1	0	67	32	
8	2	3	西风	1	0	68	31	
9	1	4	西北风	1	0	68	30	
10	0	4	南风	1	0	64	33	
11	23	4	北风	1	0	65	36	
12	22	4	东南风	1	0	67		
13	21	4	东南风	1	0	71	40	
14	20	5	东风	1	0	69	43	
15	19	5	北风	1	0	66	45	
16	18	6	西北风	1	0	67	50	
17	17	6	西南风	1	0	69	57	
18	16	6	西北风	1	0	71	60	
19	15	6	东北风	1	0	72	64	
20	14	7	西风	1	0	85	65	
21	13	6	北风	1	0	88	69	
22	12	7	西南风	1	0.1	88	67	
23	11	6	西北风	1	0	93	53	
24	10	6	西北风	1	0.1	97	46	
25	9	6	东风	1	0.2	97	49	

weather1

三、单元总结

1. 讨论

（1）除了 BeautifulSoup 框架，基于 Python 的比较典型的网络数据采集框架还有哪些？

（2）find_all() 函数的 limit 参数的含义是什么？ find_all() 和 find() 函数在什么情况下等价？

2. 小结

网页数据采集是通过调用网页或者接口请求到数据，无论数据类型是文本、图片、视频还是语音，采集流程都是发送请求→获取数据→解析数据→保存数据。

四、知识拓展

以下是与点云采集相关的知识拓展。

1. 点云定义

点云即某个坐标系下的点的数据集。点包含了丰富的信息，包括三维坐标、颜色、分类值、强度值、时间等。点云从组成特点上可分为有序点云和无序点云。有序点云一般是由深度图还原的点云，有序点云按照图形方阵一行一行地从左上角到右下角排列，由于按照顺序排列，比较容易找到相邻点。无序点云的点排列时没有顺序。

2. 点云采集方式

点云的采集方式有多种，其中常见的有激光扫描仪、深度相机、双目相机、光学相机多视角重建等。

（1）激光扫描仪。利用激光测距原理，通过记录被测物体表面密集的点的三维坐标，快速重建被测物体的三维模型。激光扫描铁路点云图像如图1-1所示。

图1-1　激光扫描铁路点云图像

常见的激光扫描仪类型有无人机激光雷达、背包激光雷达扫描系统、激光手持三维扫描仪、车载激光移动扫描仪等，见表1-6。

表1-6　　　　　　　　　　　　　激光扫描仪类型

点云数据采集传感器	适用范围
无人机激光雷达 LiAir 250	无人机上配置全球定位系统（global positioning system，GPS）或惯性测量装置（inertial measurement unit，IMU），可获取大范围的点云，可用于大尺度测绘（城市级别）、数字高程模型（digital elevation model，DEM）、正射影像（高精度相机）等场景
背包激光雷达扫描系统 飞马	不需要GPS也可以实时获取周围环境的三维点云数据，可用于室内外一体化测量，地下空间、隧道工程、林业资源普查，建筑立面测量、建筑信息模型（building information modeling，BIM）等场景

点云数据采集传感器	适用范围
激光手持三维扫描仪 iReal 2E	这种扫描仪可在需要时保持更高分辨率，同时在平面上能保持更大三角形网格，从而生成更小的 STL 格式文件；不需要额外跟踪或定位设备，创新的定位目标点技术可以帮助用户根据其需要以任何方式、角度移动被测物
车载激光移动扫描仪 Trimble MX9	车载激光移动扫描仪基于车辆的传感器系统，可在驾驶时快速捕获激光扫描和多角度全景影像。可在高速公路的高速度下捕获丰富的拟真数据，避免了需要高代价封路的情况，并消除了员工在车流密集的繁忙高速公路工作所带来的风险。可用于大空间超视距、城市道路、公路、园区、街区等场景

（2）深度相机。通过红外激光器把光线投影到物体上，利用红外摄像头得到深度信息，适用于室内机器人、虚拟现实和增强现实等场景。

（3）双目相机。两个相机从不同位置获取物体的图像，通过三角计算，可得到物体的点云三维坐标。

（4）光学相机多视角重建。通过对运动物体的多幅 2D（二维）图像及图像特征点的对应集合，估计 3D（三维）点的位置和摄像机姿态，并重建出 3D 结构。

3. 点云的文件格式

点云文件有 ASCII 码和二进制编码两种编码形式。其中，用 ASCII 码的文件可以直接阅读，用二进制编码的文件则不可读，但文件会更小。这两种保存形式的文件都没有进行过压缩，常用的文件格式有：PCD、OFF、XYZ、PLY、LAS、LAZ、OBJ、STL、VTK、3DS。

五、单元练习

利用 Python 工具包，从中国天气官网采集上海市未来 7 天和 14 天的天气情况，并将采集到的数据保存到文本文件中。参考代码位于配套资料 data 目录中 "1-1-1" 文件夹下。

学习单元2　图片数据采集

图片采集技术在数字图像处理、图像识别等领域的应用十分广泛。使用该技术，在工业机器视觉检测领域，能实现产品的精准、高效检测；在安防监控领域，能完成高负荷的全方位实时监控工作，以及智能门禁系统设备的非接触、快速识别等；在医学影像领域，能辅助精准医疗和远程医疗等。要使用该技术，图片采集系统的实时采集能力、运行效率和稳定性等都是需要考虑的。图片采集方法通常有网页采集和实时采集（传感器采集）两种。本学习单元将介绍如何利用 Python 工具和笔记本计算机摄像头进行图片数据的实时采集。

1. 了解图片采集中涉及的 Python 库及函数。
2. 掌握利用 Python 工具实时采集图片的方法。

一、背景知识

1. cv2 库

cv2 是 OpenCV 库的升级，它是一个跨平台的计算机视觉库，适用于实时视觉应用程序，支持 Linux、Windows、Mac OS 和 Android 等系统，提供了 C++、Python、Java 和 MATLAB 接口。OpenCV 库中包含 500 多个 C 语言函数的跨平台的中、高层应用程序编程接口（application programming interface，API）。使用 cv2 库之前，要先安装，后导入，具体命令如下。

安装：pip install opencv-python

导入：import cv2

2. 图片采集相关的 cv2 库函数

（1）cv2.VideoCapture() 方法。VideoCapture 类在 OpenCV 库中用于从视频文件、图片序列、摄像头捕获视频，OpenCV 库为其提供了构造方法：cv2.VideoCapture()，用于打开摄像头并完成摄像头的初始化操作，其定义如下。

cv2.VideoCapture（摄像头 ID）

其中：如果 ID 参数是 0，表示打开笔记本计算机的内置摄像头；如果 ID 参数是 1，则打开外置摄像头；其他数字则代表其他设备；当参数是视频文件的路径时，则打开指定路径下的视频。摄像头 ID 默认值为 -1，表示随机选取一个摄像头。如果设备有多个摄像头，则用 0 表示设备的第一个摄像头，1 表示设备的第二个摄像头，依次类推。如果只有一个摄像头，用 0 或 –1 表示均可，如：

cap = cv2.VideoCapture(0) 或 cap = cv2.VideoCapture(–1)

（2）cv2.VideoCapture.isOpened() 方法。它是检查摄像头是否初始化成功的方法。如果成功，则返回 True，否则返回 False。

（3）cv2.VideoCapture.read() 方法。它是捕获帧方法，能获取视频中的每一帧图像，表达式如下。

ret_flag, img_camera = cv2.VideoCapture.read()

其中：ret_flag 表示是否捕获成功，返回布尔类型值；img_camera 表示返回捕获的帧信息，即图像，如果没有捕获帧信息，该值为空。

（4）cv2.VideoCapture.release() 方法。此方法用于关闭摄像头。当捕获帧或者摄像头使用结束后，需要释放该资源，即关闭摄像头。

二、任务实施

本任务要求使用 Python 的库函数实时采集图片。基于 Python 的图片实时采集过程通常有以下 3 个关键步骤。

1. 将摄像头作为数据来源，创建 VideoCapture 对象。
2. 调用 VideoCapture 对象的 read() 函数获取视频中的帧（一帧即一幅图片）。
3. 调用 imwrite() 函数将图片保存到指定的文件。

数据采集员小王在熟悉了本学习单元的背景知识后，准备按照以上 3 个步骤完成本学习单元的图片采集任务。图片数据实时采集步骤见表 1-7。

表 1-7　　　　　　　　　　　　　　　图片数据实时采集

步　骤	说　明
第一步：安装 cv2 库	`pip install opencv-python`
第二步：导入 cv2 库　　　　　　　　　　　📖 **小贴士**　　　　安装的时候采用 opencv_python，但在导入的时候采用 import cv2。	`import cv2`
第三步：为采集图片指定文件名	`imgfilename='D:\\testData\\img.jpg'`
第四步：调用 VideoCapture() 函数初始化 cap 类	`cap = cv2.VideoCapture(0)` *#开启摄像头*

续表

步　　骤	说　　明
第五步：捕获图片	`ret_flag, img_camera = cap.read()`
第六步：保存图片	`cv2.imwrite(imgfilename, img_camera)`
第七步：调用 release() 函数释放摄像头，调用 destroyAllWindows() 函数关闭所有图像窗口 **小贴士** OpenCV 是用 C++ 写的，使用完必须释放内存。	`cap.release()` # 释放所有摄像头 `cv2.destroyAllWindows()` # 删除建立的所有窗口

图 1-2 展示了数据采集员小王从不同角度采集到的图片。

图 1-2　从不同角度采集到的图片

三、单元总结

1. 讨论

（1）如何通过按键采集图片？

（2）cv2.imwrite(filename, img, params) 中，参数 params 的数据类型是什么？

2. 小结

实时图片采集和处理在现代多媒体技术中占有重要的地位，实时图片采集是日常生活中所见到的数码相机、可视电话、多媒体网络电话和电话会议等产品的核心技术。图片采集的速度、质量直接影响产品的质量。

本学习单元主要介绍了利用 OpenCV 库的 VideoCapture 类进行实时图片采集的方法，其中涉及的函数有 open()、read()、imwrite()、release() 等。希望大家能全面理解函数中各参数的含义，以便在工作中充分发挥这些函数的功能。

四、单元练习

熟练掌握本学习单元给出的示例代码，参考代码位于配套资料 data 目录中"1-1-2"文件夹下。

学习单元 3   视频数据采集

视频是由一系列图像构成的，其中每一张图像就是一帧，通常以固定时间间隔从视频中抽取帧。视频数据采集是一类特殊的数据采集方式，是对各类图像传感器、摄像机、录像机、电视机等视频设备输出的视频信号进行采样、量化等操作，并将其转换成数字数据的过程。视频数据采集的方法很多，主要分为两大类：自动图像采集和基于处理器的图像采集。本学习单元将介绍如何利用 Python 工具和笔记本计算机摄像头进行视频数据的自动实时采集。

1. 了解视频数据采集中涉及的 Python 库及函数。
2. 熟练掌握利用 Python 工具实时采集视频数据的方法。

一、背景知识

在 OpenCV 库中，有以下两个常用方法可作为实时视频采集工具。

1. cv2.VideoWriter() 方法

在 OpenCV 库中，VideoWriter 类和 VideoCapture 类一样，具有视频处理能力，且支持各种视频格式。用 OpenCV 库保存视频只需要调用 VideoWriter 类。OpenCV 库为 VideoWriter 类提供了构造方法，如：

cv2.VideoWriter(filename,fourcc,fps,frameSize[,isColor])

用它可以初始化一个 VideoWriter 对象，其参数定义见表 1-8。

其中，fps 是视频的帧速率，是指视频每秒有多少帧。如电影画面每秒有 24 帧，对应的就是 24 fps。fps 值越高，细节越好，但是需要的存储容量也越大。在 OpenCV 库中，fourcc 是 32 位无符号数，用来指定视频的编码格式，每个编 / 解码器都有一个 4 字符标记。fourcc 常用编码格式见表 1-9。

表 1-8　　　　　　　　　　　cv2.VideoWriter() 方法的参数及功能

参　　数	功　　能
filename	需要输出保存的视频文件名
fourcc	视频的编码类型，4 字节码
fps	帧速率（frame per second）
frameSize	帧的长宽
isColor	判断是否为彩色图像，非零为彩色帧，否则为灰度帧

表 1-9　　　　　　　　　　　fourcc 常用编码格式

取　　值	含　　义
cv2.VideoWriter_fourcc('1', '4', '2', '0')	未压缩的 YUV 颜色编码格式，文件扩展名为 .avi
cv2.VideoWriter_fourcc('P', 'I', 'M', 'I')	MPEG-1 编码格式，文件扩展名为 .avi
cv2.VideoWriter_fourcc('X', 'V', 'I', 'D')	MPEG-4 编码格式，文件扩展名为 .avi
cv2.VideoWriter_fourcc('F', 'L', 'V', 'I')	Flash 视频格式，文件扩展名为 .flv
cv2.VideoWriter_fourcc('M', 'P', '4', 'V')	Mp4 视频格式，文件扩展名为 .mp4

2. cv2.VideoCapture.get(propId) 方法

OpenCV 库为 VideoCapture 类提供了 cv2.VideoCapture.get() 方法，以获取 VideoCapture 类对象的属性，见表 1-10。

表 1-10　　　　　　　　　　　VideoCapture 类对象的属性

参　　数	功　　能
CV_CAP_PROP_POS_MSEC	视频文件的当前（播放）位置，以毫秒为单位
CV_CAP_PROP_POS_FRAMES	基于以 0 开始的被捕获或解码的帧索引
CV_CAP_PROP_POS_AVI_RATIO	视频文件的相对（播放）位置：0= 影片开始，1= 影片的结尾
CV_CAP_PROP_FRAME_WIDTH	在视频流的帧的宽度
CV_CAP_PROP_FRAME_HEIGHT	在视频流的帧的高度
CV_CAP_PROP_FPS	帧速率
CV_CAP_PROP_FOURCC	编解码的 4 字节码
CV_CAP_PROP_FRAME_COUNT	视频文件中的帧数
CV_CAP_PROP_FORMAT	返回对象的格式

参　　数	功　　能
CV_CAP_PROP_MODE	返回后端特定的值，该值指示当前捕获模式
CV_CAP_PROP_BRIGHTNESS	图像的亮度（仅适用于照相机）
CV_CAP_PROP_CONTRAST	图像的对比度（仅适用于照相机）
CV_CAP_PROP_SATURATION	图像的饱和度（仅适用于照相机）
CV_CAP_PROP_HUE	色调图像（仅适用于照相机）
CV_CAP_PROP_GAIN	图像增益（仅适用于照相机）
CV_CAP_PROP_EXPOSURE	曝光（仅适用于照相机）
CV_CAP_PROP_CONVERT_RGB	指示是否应将图像转换为 RGB 布尔型标志
CV_CAP_PROP_WHITE_BALANCE	白平衡（目前不支持）
CV_CAP_PROP_RECTIFICATION	立体摄像机的矫正标注

例如，假设 cap 是一个 VideoCapture 类对象，则有以下结论。

（1）使用 cap.get(cv2.CAP_PROP_FRAME_WIDTH) 方法可以获取当前帧对象的宽度。

（2）使用 cap.get(cv2.CAP_PROP_FRAME_HEIGHT) 方法可以获取当前帧对象的高度。

二、任务实施

本任务要求使用 Python 的库函数实时采集一段视频。基于 Python 的视频实时采集过程与图像采集过程类似，通常有以下 3 个关键步骤。

1. 将摄像头作为数据来源，创建 VideoCapture 对象。

2. 调用 VideoCapture 对象的 read() 函数获取视频中的帧。

3. 调用 VideoWriter 对象的 writer() 函数将帧写入视频文件。

数据采集员小王熟知了本学习单元的背景知识后，准备采取以上步骤完成本学习单元的视频采集任务。视频数据实时采集步骤见表 1-11。

表 1-11　　　　　　　　　　　　　　视频数据实时采集

步　　骤	说　　明
第一步：安装 OpenCV-Python 包	`pip install opencv-python`
第二步：导入 cv2 库	`import cv2`
第三步：把采集到的视频保存到指定的文件	`videofilename='D:\\testData\\video.avi'`

续表

步　骤	说　明
第四步：初始化 cap 类	`cap = cv2.VideoCapture(0)  #开启摄像头`
第五步：设置视频的高度和宽度	`frame_width = int(cap.get(cv2.CAP_PROP_FRAME_WIDTH))` `frame_height = int(cap.get(cv2.CAP_PROP_FRAME_HEIGHT))`

第六步：创建视频写入对象	`# 创建视频写入的对象`
	`out_video = cv2.VideoWriter(videofilename,`
	`                  cv2.VideoWriter_fourcc('D', 'I', 'V', 'X'),`
	`                  10, (frame_width, frame_height))`

第七步：捕获帧信息	`while True:`
	`    ret, frame = cap.read()`
	`    if ret:`
	`        out.write(frame)`
	`    else:`
	`        break`

第八步：调用 release() 函数释放摄像头，调用 destroyAllWindows() 函数关闭所有图像窗口	`cap.release()`
	`out.release()`
	`cv2.destroyAllWindows()`

三、单元总结

1. 讨论

（1）如何使用 VideoWriter() 函数修改视频格式？

（2）摄像头拍摄的视频一般都是 3 通道（RGB）的，用 VideoWriter() 函数可以轻松保存。如果是 1 通道的灰度图，需要怎么处理才能保存？

2. 小结

视频赋予静态事物以动态，以崭新的方式展现和传承着人类文明，也见证着人类社会历史的发展。视频采集是将视频源的模拟信号通过处理转换成数字信号，并将数字信息存储在计算机中的过程。这种模拟 / 数字转换最终是由视频采集卡上的采集芯片实时实现的。本学习单元主要介绍了利用 OpenCV 库的 VideoWriter 类进行实时视频数据采集的方法，其工作过程与图片数据采集类似，涉及的函数有 VideoWriter()、get()、read() 和 imwrite() 等，希望大家能了解这两者之间区别。

四、单元练习

熟练掌握本学习单元给出的示例代码，利用 Python 工具包，用摄像头采集一段人脸表情视频和挥手手势短视频，保存为 AVI 格式，参考代码位于配套资料 data 目录中"1-1-3"文件夹下。

学习单元 4　语音数据采集

语音数据采集是一种从语音输入设备（如麦克风）收集声音数据的过程。它包括检测、获取和存储声音信号，这些声音信号可以用于进行语音识别和语音处理。本学习单元将介绍语音数据采集方法。

1. 了解语音数据采集涉及的 Python 库及函数。
2. 熟练掌握利用 Python 工具实时采集语音数据的方法。

一、背景知识

1. 语音数据采集

语音数据采集主要包括以下 3 个步骤：麦克风拾音、模拟信号数字化和音频文件生成。

（1）麦克风拾音。输入语音后，通过麦克风拾音生成原始模拟信号。

（2）模拟信号数字化。这个过程是将采集到语音模拟信号转化为数字信号，包含以下 3 个操作：采样、量化和编码。

1）采样。把连续的模拟量变为时间上离散的脉冲序列。在对模拟音频进行采样时，取样频率越高，音质越有保证。若取样频率不够高，声音就会产生低频失真。为了避免低频失真，奈奎斯特（Nyquist）定律指出，采样频率至少应为所要录制的音频的最高频率的 2 倍。人耳可听到频率为 20 Hz~22 kHz 的声音，所以对声频卡来讲，其采样频率应为最高频率 22 kHz 的 2 倍以上，即采样频率应在 44 kHz 以上。目前，声频卡的采样频率一般采用 44.1 kHz、48 kHz 或更高。

2）量化。将采样的离散音频转化为计算机能够表示的数据范围。量化的等级取决于量化精度，也就是用多少位二进制数来表示一个音频数据。量化精度越高，声音的保真度越高。常用的量化精度为 8 位、12 位、16 位、20 位、24 位等。

3）编码。采样和量化后的信号还不是数字信号，需要把它转换成数字编码脉冲信号。

（3）音频文件生成。将数字音频信号以文件的形式保存在计算机的存储设备中，这样的文件通常称之为数字音频文件，至此，原始音频文件就生成了。原始音频文件是一个未压缩的纯波形文件。在计算机应用中，能够达到最高保真水平的是 PCM（pulse code modulation）编码，WAV 文件就使用了这种技术。

2. PyAudio 库

PyAudio 库是一个跨平台的音频 I/O 库，使用该库可以在 Python 程序中播放和录制音频，也可以产生 WAV 文件等。PyAudio 库的安装和在 Python 中导入的命令如下。

安装：pip install pyaudio

导入：import pyaudio

3. Wave 库

Wave 库是 Python 的一个内置标准库，不需要安装，直接导入即可，导入命令如下。

导入：import wave

4. 语音采集相关的库方法

下面简单介绍几个与语音采集相关的库方法。

（1）wavfile.read(filename, [mmap=False]) 方法。该方法是科学计算库 SciPy 中 scipy.io 类提供的一个 WAV 声音文件的存取方法，其功能是打开一个 WAV 文件，返回采样率 rate 和数据 audiodata，其中 audiodata 可作为 NumPy.array 读取，见表 1-12。

表 1-12　　　　　　　　　　　wavfile.read() 方法的参数及功能

参　　数	功　　能
filename	需要打开的 .wav 文件名
mmap	是否将数据作为内存映射 memory-mapped（默认：False）

（2）wave.open(WAVE_OUTPUT_FILENAME, mode=None) 方法。该方法可以 'wb' 二进制流写的方式打开一个文件，其中 Wave 是内置库，mode 有两种模式：'rb' 是只读，'wb' 是只写。选择只读模式将返回一个 Wave_read 对象，选择只写模式将返回一个 Wave_write 对象。

（3）pyaudio.PyAudio.open() 方法。PyAudio 对象只负责播放音频，不负责从文件中读取二进制数据，所以读取要在文件外进行，其接收的是二进制数据，一般会结合 Wave 库一起使用，Wave 库负责读数据以及获取音频的一些基本信息。该方法的语法格式如下。

stream = pyaudio.PyAudio.open(format=FORMAT, channels=CHANNELS, rate=RATE, input=True, output=False, frames_per_buffer=CHUNK)

其中，各参数的功能见表 1-13，采样数据格式见表 1-14。

表 1-13　　　　　　　　　pyaudio.PyAudio.open() 方法的参数及功能

参　　数	功　　能
format	采样数据的格式（见表 1-14）
channels	音轨数
rate	采样率
input=True	是输入流
output=False	不是输出流
frames_per_buffer	每个缓冲的帧数

表 1-14 　　　　　　　　　　　采样数据的格式

格　式	定　义
paFloat32	32 位浮点数
paInt32	32 位整数
paInt24	24 位整数
paInt16	16 位整数
paInt8	8 位整数
paUInt8	8 位无符号整数
paCustomFormat	自定义数据格式

二、任务实施

本学习单元的任务要求利用基于 Python 的工具实时采集语音。一般来说，基于 Python 的语音实时采集包括以下几个步骤。

1. 安装并导入相应的库，如 PyAudio 库等。
2. 使用 PyAudio 库打开麦克风，设置采样率、采样位数等参数。
3. 开始录音，使用 PyAudio 库中的 read() 函数从麦克风中读取语音数据。
4. 保存语音文件，使用 Python 的文件操作函数将读取到的语音数据存储到本地磁盘上。
5. 关闭麦克风，使用 PyAudio 库关闭麦克风。

数据采集员小王在学习了本学习单元的背景知识后，准备按照上述方法完成语音数据采集任务。语音实时采集步骤见表 1-15。

表 1-15 　　　　　　　　　　　语音实时采集

步　骤	说　明
第一步：实时的声音输入 / 输出需要安装 PyAudio	`pip install pyaudio`
第二步：导入库	`import pyaudio`

第三步：使用 PyAudio 库打开麦克风　　　　　📖 **小贴士**　　　请确保系统 3 中已经安装好了麦克风驱动，并且在 Python 代码中有足够的权限访问麦克风。	`# 实例化一个 Pyaudio 对象`
	`p = pyaudio.PyAudio()`
	`# 使用实例化对象打开声卡，并对数据流赋值`
	`stream = p.open(format=FORMAT,`
	`  channels=CHANNELS,`
	`  rate=RATE,`
	`  input=True,`
	`  frames_per_buffer=CHUNK)`

续表

步　骤	说　明

第四步：使用 PyAudio 库中的 read() 函数从麦克风中读取语音数据	*# 读取语音数据*
	```frames = []```
	```for i in range(0, nframes):```
	``` data = stream.read(CHUNK)```
	``` frames.append(data)```

第五步：存储录音文件	*# 设置录音文件存储信息*
	```wf = wave.open(WAVE_OUTPUT_FILENAME, 'wb')```
	```wf.setnchannels(CHANNELS)```
	```wf.setsampwidth(p.get_sample_size(FORMAT))```
	```wf.setframerate(RATE)```
	```wf.writeframes(b''.join(frames))```
	```wf.close()```

第六步：停止数据流，关闭麦克风、音频文件；终止 PyAudio	*# 停止数据流，关闭麦克风、音频文件；终止 Pyaudio 对象*
	```stream.stop_stream()```
	```stream.close()```
	```wf.close()```

如图 1-3 所示为以 8 kHz、16 kHz 和 32 kHz 分别采集的"早安，上海"语音数据。

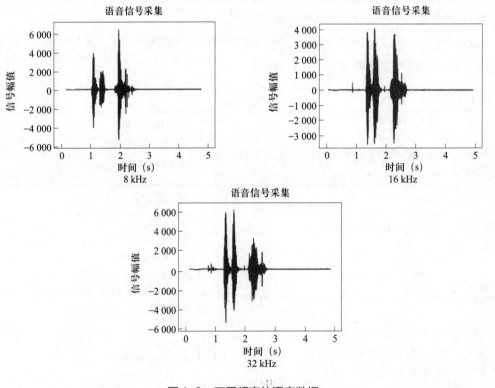

图 1-3　不同频率的语音数据

三、单元总结

1. 讨论

（1）pyaudio.PyAudio.open() 和 wave.open() 方法的区别是什么？

（2）在音频播放结束之后加休眠方法 time.sleep() 的目的是什么？

2. 小结

如果要开发一款智能客服语音系统，必然需要大量语音数据，当明确了产品最终的服务目的和现状后，就要去寻找适合语音数据采集的方法。本学习单元主要介绍了如何利用麦克风进行语音实时采集，其中涉及的主要方法有 pyaudio.PyAudio.open()、wave.open() 等。

四、单元练习

熟练掌握本学习单元给出的示例代码，利用 Python 工具包和麦克风实时采集一段语音。参考代码位于配套资料 data 目录中"1-1-4"文件夹下。

学习单元 5　日志数据采集

任务描述

日志数据采集的目的有 3 点：调试、运维监控和业务分析。调试主要是工程师在程序异常时针对关键环节把相关参数通过日志打印出来，找出是哪个环节出的问题。运维监控主要监控系统运行的负载、并发性能及消耗时间等指标。随着数据量的增大，业务分析的重要性越来越强，业务分析可记录用户的每一次操作，以及相关的维度信息。有了这些数据就可以做一些运营分析，如访问量、用户转化、留存分析等，还可以进行数据挖掘性的工作，如关联挖掘、精准广告等。本学习单元将基于 Python 介绍日志数据采集方法。

学习目标

1. 了解日志数据采集中涉及的 Python 库及函数。

2. 熟练掌握利用 Python 工具采集日志数据的方法。

一、背景知识

1. 日志数据

日志（log）数据记录的是信息系统产生的过程性事件数据。通过查看日志数据，管理员可以了解哪个用户什么时间在哪台设备使用什么应用系统做了什么具体的操作。

2. 日志组成

日志由日期、信息、等级三要素组成。具体的信息根据等级输出，等级又根据不同的优先级来对应不同事件。日志一般有 8 个等级，见表 1-16，该表中的等级从上到下优先级越来越高。

表 1-16　　　　　　　　　　　　　　　日志等级

日志等级名称	日志等级功能描述
ALL	最低等级，用于打开所有日志记录
TRACE	较低的日志等级，使用较少
DEBUG	调试等级，指出细粒度信息事件对调试应用程序的作用，主要用于开发过程中打印需要的运行信息
INFO	信息等级，消息在粗粒度级别上强调应用程序的运行过程，如果只需要了解该方法是否运行，则可以使用 INFO 等级
WARN	警告等级，表明会出现潜在的错误，虽然有些信息不是错误信息，但是也要给予提示
ERROR	错误级别，指出虽然发生错误事件，但仍然不影响系统的继续运行。如果不想输出太多日志，可以使用这个等级打印错误和异常信息
FATAL	严重错误等级，系统可能无法运行
OFF	最高等级，用于关闭所有日志记录

如果将日志设置在某一个等级上，那么比此等级优先级高的日志都能被输出。例如，如果设置优先级为 WARN，那么 OFF、FATAL、ERROR、WARN 4 个等级的日志能正常输出，而 INFO、DEBUG、TRACE、ALL 等级的日志则会被忽略。一般情况下，日志只使用 4 个等级，从高到低分别是 ERROR、WARN、INFO、DEBUG。

3. Logging 库

为了能采集到日志数据，需要使用 Python 的一个内置库 Logging。Logging 库提供了通用的日志系统、不同的日志等级和记录日志的方式（如 HTTP GET/POST，SMTP，Socket 和文件等记录方式）。Logging 库包括 Logger（日志采集器）、Handler（日志处理器）、Filter（日志过滤器）、Formatter（日志格式器）4 个组件。

（1）Logger。Logger 是一种记录日志的工具，提供了应用程序代码直接使用的接口，即用采集器采集日志，一个采集器可以对接多个处理器。

（2）Handler。将采集器产生的日志发送至指定的目的地，即将日志记录发送到合适的路径，如发送至文件或控制台。发送过程需要两个处理器类：StreamHandler 类（输出控制台处理器）和 FileHandler 类（输出文件处理器）。

1）StreamHandler 类。将日志发送至 sys.stdout、sys.stderr 或任何类似的文件流对象，如

在 Pycharm IDE 上显示的日志, 其构造函数如下。

  StreamHandler(strm)

  其中, 参数 strm 是一个文件对象, 默认是 sys.stderr。

  2) FileHandler 类。将日志发送至磁盘文件。它继承了 StreamHandler 类的输出功能, FileHandler 类打开该文件, 向一个文件输出日志, 其构造函数如下。

  FileHandler(filename, mode)

  其中, 参数 mode 为文件打开方式, 默认为 'a', 即在文末追加。

  (3) Filter。提供了更细粒度的功能, 用于确定要输出的日志。

  (4) Formatter。指定最终输出日志的样式, 用于日志格式化。

二、任务实施

  1. 日志数据的收集和输出依赖于日志采集器, 基于 Python 的日志数据采集基本流程如下。

  (1) 创建一个日志采集器: logging.getLogger("")。

  (2) 给收集器设置日志级别: logger.setLevel()。

  (3) 给日志采集器创建一个输出处理器: logging.StreamHandler()。

  (4) 给处理器设置一个日志输出内容的格式: handler.setFormatter(formatter)。

  (5) 将设置的格式绑定到处理器中: handler.setFormatter(formatter)。

  (6) 将设置好的渠道添加至收集器中: logger.addHandler(handler)。

  2. 数据采集员小王进行日志数据采集的具体步骤见表 1-17。

表 1-17   日志数据采集

步骤及运行结果	说　　明
第一步: 导入库, 然后才能使用 handler 类创建对象	`import logging.handlers`
第二步: 创建日志采集器对象	`# 创建logger` `logger = logging.getLogger()`
第三步: 设置采集器级别	`# 设置logger等级` `logger.setLevel(logging.INFO)`

第四步: 创建处理器 Handler 对象	`# 创建Handler对象`
	`sh = logging.StreamHandler()`
	`# 根据时间分割日志`
	`th = logging.handlers.TimedRotatingFileHandler(filename="文件名.log",`
	`                                               when="S",`
	`                                               interval=1,`
	`                                               backupCount=3)`

第五步: 创建日志格式 formatter	`# 创建日志格式`
	`fmt = "%(asctime)s %(levelname)s [%(name)s] [%(filename)s (%(funcName)s:" \`
	`      "%(lineno)d] - %(message)s"`
	`fm = logging.Formatter(fmt)`

续表

步骤及运行结果	说　明

第六步：将日志格式设置给处理器	# 将格式器添加到处理器中
	sh.setFormatter(fm)
	th.setFormatter(fm)

第七步：给日志器添加处理器	# 将控制台处理器添加到logger
	logger.addHandler(sh)
	logger.addHandler(th)

第八步：外部程序调用采集器获取日志	# 获取日志
	logger.info("this is an info")
	logger.debug("this is a debug")
	logger.error("this is an error")
	logger.warning("this is a warning")

运行结果	C:\Users\RoseL\.conda\envs\paper\python.exe D:/pytest/collection_log.py 2023-02-26 23:23:03,750 INFO [root] [collection_log.py (<module>:34] - this is an info 2023-02-26 23:23:03,765 ERROR [root] [collection_log.py (<module>:36] - this is an error 2023-02-26 23:23:03,765 WARNING [root] [collection_log.py (<module>:37] - this is a warning Process finished with exit code 0

三、单元总结

1. 讨论

（1）每天生成的日志文件都写在一个文件中，如果将日志数据输出到一个文件中，可能会造成什么问题？如何解决？

（2）如何搭建 appium 环境？

2. 小结

日志可用于诊断，同时也是一种数据，数据分析产生价值，集中分析产生更大的价值。日志数据是所有 IT（information technology，信息技术）系统操作的过程类数据。如果能够通过日志管理平台把日志数据集中存储管理起来，就能较容易地定位排查故障，这对于保证系统正常运行，降低企业运营风险尤其重要。本学习单元主要介绍基于 Logging 库的日志数据采集，其中涉及的主要类和函数有 getLogger() 函数、StreamHandler 类、FileHandler 类、setLevel() 函数，Formatter() 函数等。

四、单元练习

熟练掌握本学习单元给出的示例代码。参考代码位于配套资料 data 目录中 "1-1-5" 文件夹下。

学习单元 6 数据库数据采集

使用数据库可以对数据进行分类保存和快速查询，可以有效地保持数据信息的一致性、完整性，很好地保证数据不被破坏，而且数据库有避免数据重复的功能，能够减少冗余数据。本学习单元将介绍使用 SQLite 数据库进行数据采集的方法。

1. 了解 SQLite 数据库的工作机制。
2. 熟练掌握数据库数据的采集方法。

一、背景知识

1. 数据库

数据库是按照数据结构来组织、存储和管理数据的"仓库"，是一个长期存储在计算机内的、有组织的、可共享的、统一管理的大量数据的集合。目前，数据库产品一般分为关系数据库和非关系数据库。关系数据库主要有 SQLite、MySQL、Oracle、SQL Server 等；非关系数据库如 MongoDB、Hbase 等。本学习单元以 SQLite 为例，简单介绍数据库的数据采集机制。

2. SQLite 工作机制

SQLite 架构包括内核（接口层、SQL 命令处理器和虚拟机）、SQL 编译（词法分析、编译和代码产生器）和后端（B 树、页缓存、操作系统接口）等。

（1）B 树（B-tree）和页缓存（Page cache）。B 树和页缓存共同对数据进行管理。B 树的主要功能是索引，它维护着各个页面之间的关系，方便用户快速找到所需的数据。而页缓存的主要作用是通过操作系统接口在 B 树和磁盘之间传递页面。

（2）连接（connection）和语句（statement）。连接和语句是执行 SQL 命令涉及的两个主要数据结构。一个连接可以有多个数据库对象（一个主要的数据库以及附加的数据库），每一个数据库对象有一个 B 树对象，一个 B 树有一个页缓存对象。每一个语句都和一个连接关联，它通常表示一个编译过的 SQL 语句。在数据库内部，它以 VDBE 字节码表示。语句包括执行一个命令所需要一切，包括保存 VDBE 程序执行状态所需的资源，指向硬盘记录的 B 树游标以及参数等。

3. SQLite3 安装

从 SQLite 官网下载好软件包后，可按以下步骤进行安装。

第一步：创建文件夹 C:\sqlite，并在此文件夹下解压已经下载的两个压缩文件，得到如下 5 个文件，如图 1-4 所示。

名称	修改日期	类型	大小
sqldiff	2022/12/28 22:27	应用程序	570 KB
sqlite3.def	2022/12/29 2:38	DEF 文件	8 KB
sqlite3.dll	2022/12/29 2:38	应用程序扩展	2,115 KB
sqlite3	2022/12/28 22:28	应用程序	1,098 KB
sqlite3_analyzer	2022/12/28 22:28	应用程序	2,050 KB

图 1-4 解压后的 5 个文件

第二步：在计算机桌面上右击"此电脑"图标，依次单击"属性"→"高级系统设置"→"高级"→"环境变量"→"Path"→"编辑"→"新建"，输入安装目录，单击"确定"。

第三步：检验是否安装成功，安装成功提示如图 1-5 所示。

```
C:\Users\RoseL>sqlite3
SQLite version 3.33.0 2020-08-14 13:23:32
Enter ".help" for usage hints.
Connected to a transient in-memory database.
Use ".open FILENAME" to reopen on a persistent database.
sqlite>
```

图 1-5 SQLite 安装成功提示

4. Cursor 对象

Cursor 是 SQLite3 提供的游标对象，其功能是提供游标接口，从多条数据记录的结果中每次提取一条记录，执行 SQL 语句后，取出返回结果的接口，具体如下。

cursor(self, *args, **kwargs)

5. Connect 对象

Connect 是 SQLite3 提供的连接对象，其功能是读取数据库名并返回一个 sqlite3.connection 类对象，具体如下。

connect(database, timeout=None, detect_types=None, isolation_level=None, check_same_thread=None, factory=None, cached_statements=None, uri=None)

如果该数据库已存在，则返回一个连接对象，否则创建该数据库并返回一个该新建数据库的连接对象。

二、任务实施

数据采集员小王在学习了本学习单元的背景知识后，准备对 SQLite 数据库进行访问。数据库采集步骤见表 1-18。

表1-18   数据库采集

步骤及运行结果	说　明
| 第一步：连接到现有数据库，如果数据库不存在，那么它就会被创建，并返回一个数据库对象 | ```python
def select_data(tablefile):
    # 连接数据库
    conn = sqlite3.connect(tablefile)
if __name__ == "__main__":
    select_data(tablefile)


def create_table(tablefile):
    # 连接数据库
    conn = sqlite3.connect(tablefile)

if __name__ == "__main__":
    create_table(tablefile)
``` |
| 第二步：开启游标功能，创建游标对象 | ```python
c = conn.cursor()   # 获取游标
``` |
| 第三步：使用 execute() 函数，执行 SQL 语句 | ```python
c.execute(sql)     # 执行SQL语句
``` |
| 第四步：关闭数据库，释放资源 | ```python
conn.commit()      # 提交数据库操作
conn.close()       # 关闭数据库链接
``` |
| 运行结果 | ```
C:\Users\RoseL\.conda\envs\paper\python.exe D:/pytest/collection_sqlite.py
成功打开数据库
id = 1
name = 张三
address = 西安
salary = 10000.0

id = 2
name = bkys
address = 西安
salary = 1000000.0

id = 3
name = 李四
address = 西安
salary = 20000.0

查询完毕

Process finished with exit code 0
``` |

三、单元总结

1. 讨论

（1）为什么在查询 SQLite 数据库时需要创建游标？
```

（2）获取游标对象的方法是什么？

2. 小结

企业常常通过在采集端部署大量数据库，并在这些数据库之间进行负载均衡和分片来完成大数据采集工作。本学习单元主要介绍基于 SQLite 的数据库数据采集，涉及连接数据库、创建表等操作。

四、单元练习

熟练掌握本学习单元给出的示例代码。参考代码位于配套资料 data 目录中"1-1-6"文件夹下。

课　程 1-2
业务数据处理

学习单元 1　业务数据整理归类

任务描述

　　采集设备和采集场景的多样性导致数据类型繁多，数据类型不仅包括传统的格式化数据，还包括来自互联网的网络日志、视频、图片、地理位置等。因此，在采集原始数据后，还需要对其进行整理和归类，本学习单元将探讨采集数据后的数据归类原则及方法。

学习目标

　　1. 了解采集数据的来源及多样性。

　　2. 熟练掌握不同的数据归类方法。

一、背景知识

　　大数据（big data）指无法在一定时间范围内用常规软件工具进行捕捉、管理和处理的数据集合，是需要经过新的处理模式处理后才能具有更强的决策力、洞察力和流程优化能力的海量、高增长率和多样化的信息资产，这些数据只有经过处理与整合才有意义。以下简单介绍两种常见的数据归类方式：以文件夹结构归类和以数据库结构归类。

1. 以文件夹结构归类

　　在生活中，面对纷繁的事物，人们习惯于通过箱柜进行分门别类地整理。同样，面对大量数据或文件，为了便于寻找，提高效率，最简单的方式就是将文件或数据存放在不同的文件夹中。文件夹的命名以及层次根据不同的需要，可繁可简。具体如下。

　　（1）根据数据类型、来源和格式归类，见表 1-19。

表 1-19　　　　　　　　　　　　　根据数据类型、来源和格式归类

数据类型	数据来源示例	数据格式示例
文本	网页	CSV、TXT
	点云	PTS、LAS、XYZ、PCD、TXT
图片	公开数据集	JPEG
	医学图像	NIFTI、DICOM、NRRD
	高铁图像	JPG
视频	搞笑、美食、时尚、旅游、娱乐、生活、资讯、亲子、知识、游戏、汽车、财经、萌宠、运动、音乐、动漫、科技、健康	MPEG、AVI、nAVI、ASF、MOV、3GP、WMV、DivX、XviD、RM、RMVB、FLV/F4V
音频	无损格式	WAV、FLAC、APE、ALAC、WV（WavPack）
	有损格式	MP3、AAC、OGG、Opus
系统日志	用户行为日志	EVTX、XML、TXT、CSV
	业务变更日志	
	系统运行日志	
数据库	—	CSV、DAT、DBF、MDB、ODB++

（2）根据采集终端归类，见表 1-20。

表 1-20　　　　　　　　　　　　　　　根据采集终端归类

数据类型	采集终端
图片/视频	平板计算机、个人计算机、手机，相机、深度相机、鱼眼相机、双目摄像头、无人机、机器人、汽车等
语音	计算机、手机、智能音响、麦克风、麦克风阵列、录音笔、车载环境手机等
点云	激光扫描仪、深度相机、双目相机、光学相机多视角重建等

（3）根据采集场景和内容归类，见表 1-21。

表 1-21　　　　　　　　　　　　　根据采集场景和内容归类

数据类型	采集场景和内容
交通	道路街道、驾驶员行为、乘客行为、车牌、车辆、十字路口
人体行为	手势、步态、电梯内行为采集、2D 人脸、遮挡多姿态人脸、多表情多姿态人脸、多角度光照表情人脸

续表

数据类型		采集场景和内容
语音	通用	唤醒词、自动语音识别（ASR）、方言语音、不同语种、多人对话、单人朗读、远近场语音、临床心肺音、动物叫声、声纹录音、歌曲录音
	合成	语音合成（TTS）、备用语音／数据（AVD）、童声合成库
	多风格音色	男声、女声、童声、老人声，以及"播音腔""客服腔""故事腔""萝莉音""大叔音"等
	噪声	录音笔场景噪声采集、麦克风采集射频噪声
	背景环境	大型会议、车载语音、安静环境、公共场所、车展
文本		聊天对话、知识库、语句泛化、句子编写、情绪判断、命名实体、意图匹配、文本匹配、文本判断

2. 以数据库结构归类

例如，用 Excel 来整理归类用 CT 采集的肺结节数据（见图 1-6），A 列为采集到的肺结节序列号，B 列、C 列、D 列为结节的三维坐标。可以先通过 Excel 将坐标落在肺部区域范围的结节和坐标落在肺部区域外的结节分别归类到不同的目录，这样可以减少后续数据清洗和标注的工作量，提高工作效率。

	A	B	C	D
1	seriesuid	coordX	coordY	coordZ
2	1.3.6.1.4.1.14519.5.2.1.6279.6001.100225287222365663678666836860	-128.699	-175.319	-298.388
3	1.3.6.1.4.1.14519.5.2.1.6279.6001.100225287222365663678666836860	103.7837	-211.925	-227.121
4	1.3.6.1.4.1.14519.5.2.1.6279.6001.100398138793540579077826395208	69.63902	-140.945	876.3745
5	1.3.6.1.4.1.14519.5.2.1.6279.6001.100621383016233746780170740405	-24.0138	192.1024	-391.081
6	1.3.6.1.4.1.14519.5.2.1.6279.6001.100621383016233746780170740405	2.441547	172.4649	-405.494
7	1.3.6.1.4.1.14519.5.2.1.6279.6001.100621383016233746780170740405	90.93171	149.0273	-426.545
8	1.3.6.1.4.1.14519.5.2.1.6279.6001.100621383016233746780170740405	89.54077	196.4052	-515.073
9	1.3.6.1.4.1.14519.5.2.1.6279.6001.100953483028192176989979435275	81.50965	54.95722	-150.346
10	1.3.6.1.4.1.14519.5.2.1.6279.6001.102681962408431413578140925249	105.0558	19.82526	-91.2473
11	1.3.6.1.4.1.14519.5.2.1.6279.6001.104562737760173137525888934217	-124.834	127.2472	-473.064
12	1.3.6.1.4.1.14519.5.2.1.6279.6001.105495028985881418176186711228	-106.901	21.92299	-126.917
13	1.3.6.1.4.1.14519.5.2.1.6279.6001.106164978370116976238911317774	2.263816	33.52642	-170.637
14	1.3.6.1.4.1.14519.5.2.1.6279.6001.106379658920626694402549886949	-70.5509	66.35948	-160.943
15	1.3.6.1.4.1.14519.5.2.1.6279.6001.106379658920626694402549886949	-70.6606	-29.5478	-106.903
16	1.3.6.1.4.1.14519.5.2.1.6279.6001.106630482085576298661469304872	-96.4395	9.73619	-175.038
17	1.3.6.1.4.1.14519.5.2.1.6279.6001.106719103982792863757268101375	-57.0872	74.25927	1790.494
18	1.3.6.1.4.1.14519.5.2.1.6279.6001.107109359065300889765026303943	-98.136	-72.8678	-221.823
19	1.3.6.1.4.1.14519.5.2.1.6279.6001.107351566259572521472765997306	122.0789	-175.834	-193.88
20	1.3.6.1.4.1.14519.5.2.1.6279.6001.107351566259572521472765997306	100.9323	-179.454	-222.793
21	1.3.6.1.4.1.14519.5.2.1.6279.6001.107351566259572521472765997306	-46.7837	-66.9737	-207.491
22	1.3.6.1.4.1.14519.5.2.1.6279.6001.107351566259572521472765997306	-69.1266	-80.5671	-189.807
23	1.3.6.1.4.1.14519.5.2.1.6279.6001.107351566259572521472765997306	-108.073	-147.154	-186.043
24	1.3.6.1.4.1.14519.5.2.1.6279.6001.107351566259572521472765997306	82.29918	-82.3762	-177.898
25	1.3.6.1.4.1.14519.5.2.1.6279.6001.108197895896446896160048741492	-100.568	67.26052	-231.817
26	1.3.6.1.4.1.14519.5.2.1.6279.6001.108231420525711026834210228428	42.57415	90.26755	-84.8111
27	1.3.6.1.4.1.14519.5.2.1.6279.6001.109002525524522225658609808059	46.18854	48.40281	-108.579
28	1.3.6.1.4.1.14519.5.2.1.6279.6001.109002525524522225658609808059	36.39204	76.77166	-123.322

图 1-6　用 Excel 整理归类的用 CT 采集的肺结节数据

二、单元总结

1. 讨论

（1）车辆图像采集数据以何种形式归类比较好？

（2）人脸图像采集数据应该如何归类？

2. 小结

采集到的原始数据是凌乱、分散的，只有进行整理和归类后才能提高数据的使用价值。本学习单元根据采集设备、采集场景、采集方式和采集数据的多样性，介绍了采集数据归类的一般性原则和方法。

三、单元练习

将配套资料 data 目录中"1-2-1"文件夹下的患者影像采集数据库 1 按照采集设备和采集地点进行归类。

学习单元 2　业务数据汇总

将原始采集数据归类后，可以对原始数据进行汇总，以便对数据进行分析，并对数据内在价值进行挖掘，本学习单元将探讨归类后数据的汇总方法。

1. 掌握对归类后的数据进行汇总的一般方法。

2. 熟练使用 Excel 对采集的数据进行汇总。

一、背景知识

汇总的常用方法如下。

1. 通过查看文件目录信息进行汇总

对原始采集数据进行管理的常见方法是先对采集数据进行分类，再将其分别存放在以类别命名的文件夹中，数据管理示意图如图 1-7 所示。在 Windows 系统中，可以通过查看文件夹的属性，获知此文件夹下有多少子文件夹和文件等汇总信息，如图 1-8 所示。

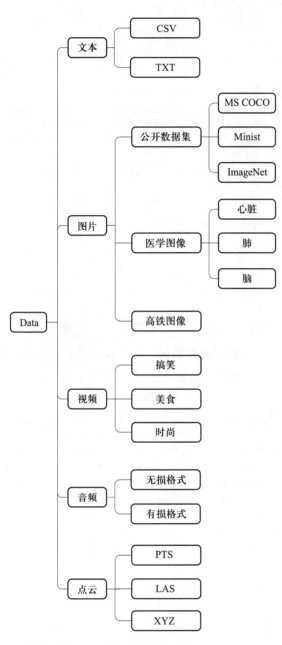

图 1-7　数据管理示意图

图 1-8　查询文件夹汇总信息

2. 通过类数据库软件进行汇总

（1）数据库汇总工具。流行的大数据汇总工具有 Excel、BI、Python 等。

1）Excel。其处理数据量有限，能处理的最大行数是 1 048 576 行，最大列数是 16 384 列，适用于日常工作中数据量不大的情况。

2）BI。其能处理的数据量比 Excel 大很多，操作类似 Excel，支持拖拽等方式，满足复杂的报表需求。此外，BI 可以直接连接多个数据库，无须重复导出导入数据，省时省力。

3）Python。其自由度非常高，能够灵活运用模型和算法。

（2）OpenPyXl 库的安装和在 Python 中导入的命令如下。

安装：pip install openpyxl

安装过程如图 1-9 所示。

```
(paper) C:\Users\RoseL>pip install openpyxl
WARNING: Retrying (Retry(total=4, connect=None, read=None, redirect=None, status=None)) after connection broken by 'Read
TimeoutError("HTTPSConnectionPool(host='pypi.org', port=443): Read timed out. (read timeout=15)")': /simple/openpyxl/
Collecting openpyxl
  Downloading openpyxl-3.1.1-py2.py3-none-any.whl (249 kB)
                                     ━━━━━━━━━ 249.8/249.8 kB 264.5 kB/s eta 0:00:00
Collecting et-xmlfile
  Downloading et_xmlfile-1.1.0-py3-none-any.whl (4.7 kB)
Installing collected packages: et-xmlfile, openpyxl
Successfully installed et-xmlfile-1.1.0 openpyxl-3.1.1
```

图 1-9　OpenPyXl 库安装过程

导入：import openpyxl

二、任务实施

数据采集员小王通过 Python 实现 Excel 中的数据分类汇总，具体任务包括从表中获取患者编号、采集部位以及采集数量 3 个数据，将同一患者的采集数量相加，得到患者影像采集总数，然后降序排列存入一个新表中，数据汇总步骤见表 1-22。

表 1-22　　　　　　　　　　　　　　　　数据汇总

步骤及运行结果	说　　明
第一步：安装 OpenPyXl 库	pip install openpyxl
第二步：导入库	import openpyxl
第三步：创建工作簿对象以及工作表对象	```wb = openpyxl.Workbook()ws = wb.activews.title = '汇总'ws.append(['患者编号', '采集设备', '采集数量'])all_wb = openpyxl.load_workbook('患者影像数据.xlsx')all_ws = all_wb.worksheets```
第四步：获取的工作表对象存储的是工作表的地址	```for w in all_ws: for row in range(4, w.max_row - 3):```
第五步：数据存储	```if w['K' + str(row)].value not in res.keys(): res.update({w['K' + str(row)].value: {'采集设备': w['P' + str(row)].value, '采集数量': int(w['N' + str(row)].value)}})else: res[w['K' + str(row)].value]['采集数量'] += int(w['N' + str(row)].value)```
第六步：数据排序	li.sort(key=lambda x: x[1]['采集数量'], reverse=True)

步骤及运行结果	说　明
运行结果	原始数据： 原始数据表格（列 A-F）： 		A 单位编号	B 采集时间	C 采集地点	D 采集部位	E 采集设备	F 采集数量
---	---	---	---	---	---	---
2	202300006	2022-10-21	EH	胸部	CT	378
3	202300034	2023-01-02	EA	肺部	CT	207
4	202300059	2021-01-14	EB	大脑	MRI	429
5	202300012	2023-01-18	EV	胆囊	B超	179
6	202300047	2021-01-28	DA	肝脏	CT	321
7	202300096	2023-02-06	EB	胆囊	CT	226
8	202300061	2022-09-10	EH	胆囊	增强CT	73
9	202300032	2023-01-08	EA	心脏	CT	462
10	202300061	2023-01-29	EA	腰椎	MRI	509
11	202300034	2021-05-03	EB	肾脏	CT	197
12	202300032	2021-03-31	EA	大脑	MRI	496
13	202300006	2022-02-01	EH	腹部	MRI	466
14	202300047	2022-03-21	EH	甲状腺	B超	508
15	202300047	2021-07-19	EV	肺部	CT	212
16	202300059	2019-08-09	EA	胆囊	CT	58
17	202300034	2019-07-03	EV	肺部	CT	416
18	202300061	2018-02-06	DA	肺部	CT	588
19	202300032	2019-09-07	DA	甲状腺	B超	126
20	202300006	2020-12-08	DA	胸部	MRI	359
21	202300061	2020-10-09	EA	心脏	CT	230
22	202300047	2021-03-10	EA	胸部	CT	342
23	202300032	2018-04-11	EB	腰椎	MRI	280
24	202300012	2020-03-12	EB	腰椎	MRI	262 | ↓ 运行结果： |	A 单位编号	B 采集设备	C 采集数量	D
---	---	---	---	---
2	202300047	CT	875	
3	202300006	MRI	825	
4	202300035	CT	820	
5	202300006	CT	604	
6	202300061	CT	588	
7	202300061	MRI	509	
8	202300047	B超	498	
9	202300059	MRI	429	
10	202300035	MRI	280	
11	202300012	MRI	262	
12	202300012	B超	179	
13	202300061	增强CT	73	
14	202300047	增强CT	27		

三、单元总结

1. 讨论

（1）车辆图像采集数据的汇总。

（2）人脸图像采集数据的汇总。

2. 小结

对归类后的数据进行汇总能够提升原始数据的内在价值。本学习单元根据归类数据的多样性，介绍了归类后数据汇总的一般性原则和方法，综合使用 Excel 和 Python 可以汇总更大

的数据量。

四、单元练习

　　熟练掌握本学习单元给出的示例代码，患者影像采集数据库 1 和参考代码位于配套资料 data 目录中"1-2-2"文件夹下。

数据标注

课　　程　2-1

原始数据清洗与标注

学习单元 1　文本数据清洗

任务描述

　　高质量的标注数据对于提高人工智能模型的效果至关重要。为了提高标注质量，在对数据进行标注前，需要对采集到的数据进行数据清洗工作。然而针对大批量数据，如果只借助手工进行清洗，速度会很慢，因此有必要借助一些清洗工具对批量数据先进行自动清洗，然后再进行人工审核修正，这样可以大大提高数据清洗的效率。本学习单元将介绍如何利用 Python 工具对文本数据进行批量清洗。

学习目标

　　1. 了解数据清洗的必要性。
　　2. 熟练掌握利用 Python 工具批量清洗文本数据的方法。

一、背景知识

1. 数据清洗的概念

　　数据清洗是指对数据集中不符合规范要求的数据进行检测、修复，以提高数据质量的过程。它是提升算法性能的重要一环。

　　在现实生活中，数据，特别是通过不同方法采集到的原始数据，通常存在许多不符合要求的问题。这些不符合要求的数据被称为"脏数据"。产生脏数据的原因有很多（见表 2-1）。针对不同类型的脏数据，其清洗方法可分为基于模式层和基于实例层的两种方法，见表 2-2。

表 2-1   脏数据产生的原因

类别	类型	出现原因
单源数据	缺少完整性约束	不在约束范围内
	唯一性冲突	两个不同记录的主键重复
	参照完整性冲突	超出设定的值范围，没有相应的对象数据
	拼写错误	数据输入错误、数据传输过程中发生错误
	重复/冗余记录	现实中的同一个实体在数据集合中用多条不完全相同的记录来表示，由于它们在格式、拼写上的差异，导致数据库管理系统不能正确识别，或者数据未做规范化处理
	空值	字段空值设计不合理，或者用户不愿意填写
	数据失效	原有数据经过一段时间后变成无效数据
	噪声数据	由于采集设备异常，造成接收的数据取值不合理
多源数据	命名冲突	同一实体在不同的来源中存在不同的名称
	结构冲突	属性类型不一致、一个代码有不一致的含义、相同的意义不同的代码，格式不同
	时间不一致	不同时间层次上的数据在同一层次进行比较与计算
	粒度不一致	不同粒度层次上的数据在同一层次进行比较与计算
	数据重复	相同的数据在合并后的数据库中出现两次及以上

表 2-2   脏数据处理方法

层次	类型	清洁方法
模式层	属性约束	人工干预法和函数依赖法
	避免冲突	数据重构，如通过元数据方法进行数据重构
实例层	拼写错误	用拼写检查器检错和纠错
	重复/冗余记录	基于字段和基于记录的重复检测后删除重复值
	空值	忽略元组，人工填写空缺值，使用一个全局变量填充空缺值，使用属性的中心度量（均值、中位数等）填充空缺值
	数据不一致	指定简单的转换规则，使用领域特有的知识对数据进行清洗
	噪声数据	分箱（binning）法、回归（regression）法、计算机和人工检查相结合处理、使用简单规则库检测和修正错误、使用不同属性间的约束检测和修正错误、使用外部数据源检测和修正错误

为了提高数据标注的效率和数据分析的准确性，必须对这些脏数据进行清洗。目前，数据清洗的工具主要有以 SmartBI 为代表的具有综合分析功能的大型软件，以及基于 Re、NumPy 和 Pandas 的 Python 工具包。后者是本课程的首选清洗工具。下面简单介绍这三个工具包中常用的数据清洗方法。

2. Re 工具包

Re（regular expression）工具包，通常被称为"正则表达式"，是 Python 处理文本的一个标准库，主要用于根据一个定义好的"规则字符串"，在一个目标字符串中进行查找、替换、截取等操作。

（1）基本语法。re.F(pattern,string[,string],flags)。其中：F 表示 re 库的函数，如 search()、match()、findall()、split()、sub()、finditer() 等；pattern 表示定义的正则表达式；string 表示待查找（或替换）的字符串；flags 表示正则表达式使用时的控制标记，如 re.I、re.M、re.S 等。

（2）举例说明。将一段文本中的 html 标签删除，如图 2-1 所示。

```
1  import re
2  text = "<div><p>Python是一种跨平台的计算机程序设计语言。 </p><br><a>快来学习P
3  result = re.sub(r"<.*?>| |\n", "", text)
4  print(result)
```

图 2-1　删除 html 标签

3. NumPy 工具包

NumPy 是 Python 语言的一个扩展库，除支持大量高效的数学函数库外，还提供了许多处理文本的字符串函数，如 np.char.X()，其中，X 代表一组函数名，如 add()、find()、index()、replace()、center()、lower()、upper()、split() 等。以下举两例说明。

（1）移除字符串头尾指定字符，如图 2-2 所示。

```
1  import numpy as np
2  # 移除数组元素头尾的 a 字符
3  print (np.char.strip(['arunooba','admin','java'],'a'))

['runoob' 'dmin' 'jav']
```

图 2-2　移除字符串头尾指定字符

（2）替换字符串中指定字符，如图 2-3 所示。

```
1  import numpy as np
2  # 替换字符串中指定字符
3  print (np.char.replace ('I like runoob', 'oo', 'cc'))

I like runccb
```

图 2-3　替换字符串中指定字符

4. Pandas 工具包

Pandas（panel data and Python data analysis）也是 Python 语言的一个扩展库，它提供了强大的结构化数据分析工具。除此之外，Pandas 还包含许多用于数据清洗和数据加工的函数和方法，如 df.drop()、df.dropna()、pd.concat()、pd.merge()、pd.join()、pd.to_datetime()、df.astype()，以及 df.str()、df.str.split()、df.str.len()、df.str.strip() 等。以下举例说明利用 df.dropna() 去空值，如图 2-4 所示。

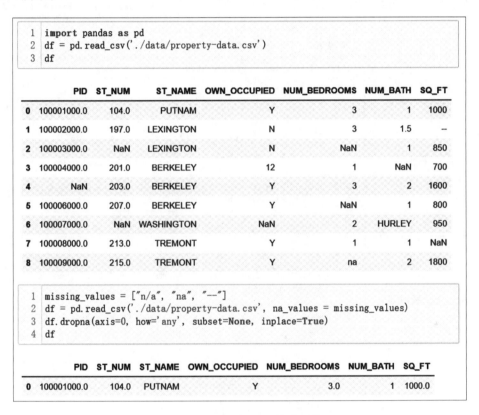

图 2-4 用 df.dropna() 去空值

二、任务实施

数据清洗是一项工作量很大的工作，从业人员既要学习许多与之相关的知识，更需要投入大量精力和耐心。本学习单元有两个文本清洗任务：一个是清洗一段非结构化的文本，另一个是清洗一个结构化数据集。数据标注员小张在了解相关知识后，准备通过以下步骤完成本任务。非结构化数据清洗具体步骤见表 2-3，结构化数据清洗具体步骤见表 2-4。

表2-3 非结构化数据清洗

步　　骤	说　　明
| 第一步：导入库和数据 | ```
1  import re
2  from nltk.corpus import stopwords
3  #指定停用词
4  cache_english_stopwords = stopwords.words('english')
5  # 输入数据
6  text = "    RT @Amila #Test\nTom\'s newly listed Co  &amp; Mary\'s unlisted    \
7  Group to supply tech for nlTK.\nh $TSLA $AAPL https:// t.co/x34afsfQsh "
8  print('原始数据:', text, '\n')
```<br><br>原始数据:　　　 RT @Amila #Test<br>Tom's newly listed Co  &amp; Mary's unlisted　　 Group to supply tech for nlTK.<br>h $TSLA $AAPL https:// t.co/x34afsfQsh |
| 第二步：去特殊字符，如 $、&、# 等 | ```
1  text_no_special_html_label = re.sub(r'\$\w*\s|\&\w+;|#\w*|\@\w*','',text)
2  print(text_no_special_html_label)
```<br><br>　 RT<br>Tom's newly listed Co   Mary's unlisted　　 Group to supply tech for nlTK.<br>h https:// t.co/x34afsfQsh |
| 第三步：去链接标签 | ```
1  text_no_link = re.sub(r'http:\/\/.*|https:\/\/.*','',text_no_special_html_label)
2  print(text_no_link)
```<br><br>　 RT<br>Tom's newly listed Co   Mary's unlisted　　 Group to supply tech for nlTK.<br>h |
| 第四步：去换行符 | ```
1  text_no_next_line = re.sub(r'\n','',text_no_link)
2  print(text_no_next_line)
```<br><br>　 RT  Tom's newly listed Co   Mary's unlisted　　 Group to supply tech for n |
| 第五步：去缩写专用词 | ```
1  text_no_short = re.sub(r'\b\w{1,2}\b','',text_no_dollar)
2  print(text_no_short)
```<br><br>　 Tom' newly listed    Mary' unlisted　　 Group  supply tech for nl |
| 第六步：去多余空格 | ```
1  text_no_more_space = re.sub(r'\s+',' ',text_no_short)
2  print(text_no_more_space)
```<br><br>Tom' newly listed Mary' unlisted Group supply tech for nlTK. |

表 2-4 结构化数据清洗

步　　骤	说　　明
| 第一步：导入库和数据 | ```
1  missing_values = ["n/a", "na", "—", "NaN"]
2  df = pd.read_csv('./数据清洗代码和数据/MotorcycleData.csv',
3                   encoding='gbk', na_values=missing_values)
4  df = df.iloc[:,1:8]
5  df.head(6)
```<br><br>表头：Condition_Desc / Price / Location / Model_Year / Mileage / Exterior_Color<br><br>0　mint!!! very low miles　$11,412　McHenry, Illinois, United States　2013.0　16,000　Black<br>1　Perfect condition　$17,200　Fort Recovery, Ohio, United States　2016.0　60　Black<br>2　NaN　$3,872　Chicago, Illinois, United States　1970.0　25,763　Silver/Blue<br>3　CLEAN TITLE READY TO RIDE HOME　$6,575　Green Bay, Wisconsin, United States　2009.0　33,142　Red<br>4　NaN　$10,000　West Bend, Wisconsin, United States　2012.0　17,800　Blue<br>5　It&#039;s a &#039;72 in good shape　$1,500　Watervliet, Michigan, United States　1972.0　0　Red |
| 第二步：处理缺失值。①删除含缺失值的数据行；②先将 Price 和 Mileage 的数据类型变为 Float，再用众数填充 Price 中的缺失值，用平均值填充 Mileage 中的缺失值 | ```
1  df.dropna(axis=0, how='any', subset=['Condition_Desc','Price','Mileage'],
2            inplace=True)
3  df.head()
```<br><br>表头：Condition_Desc / Price / Location / Model_Year / Mileage / Exterior_Color<br><br>0　mintI!! very low miles　$11,412　McHenry, Illinois, United States　2013.0　16,000　Black<br>1　Perfect condition　$17,200　Fort Recovery, Ohio, United States　2016.0　60　Black<br>3　CLEAN TITLE READY TO RIDE HOME　$6,575　Green Bay, Wisconsin, United States　2009.0　33,142　Red<br>5　It&#039;s a &#039;72 in good shape　$1,500　Watervliet, Michigan, United States　1972.0　0　Red<br>13　Overall, this bike is in good condition for it...　$3,550　Madison, Wisconsin, United States　2000.0　57,898　Luxury Rich Red<br><br> |

步　　骤	说　　明

```
1   # 处理数字
2   def chulishuzi(x):
3       if '$' in str(x) and ',' in str(x):
4           x = str(x).strip('$')
5           x = str(x).replace(',','')
6           return float(x)
7       elif ',' in str(x):
8           x = str(x).replace(',','')
9           return str(x)
10
11  df['Price'] = df['Price'].apply(chulishuzi)
12  df['Mileage'] = df['Mileage'].apply(chulishuzi)
13  df.head()
```

	Condition_Desc	Price	Location	Model_Year	Mileage	Exterior_Color
0	mint!!! very low miles	11412.0	McHenry, Illinois, United States	2013.0	16000	Black
1	Perfect condition	17200.0	Fort Recovery, Ohio, United States	2016.0	None	Black
3	CLEAN TITLE READY TO RIDE HOME	6575.0	Green Bay, Wisconsin, United States	2009.0	33142	Red
5	It's a '72 in good shape	1500.0	Watervliet, Michigan, United States	1972.0	None	Red
13	Overall, this bike is in good condition for it...	3550.0	Madison, Wisconsin, United States	2000.0	57898	Luxury Rich Red

第三步：转换清洗数据类型。①清除 Condition_Desc 中的特殊字符；②将 Model_Year 的数据类型转为整型

```
1   def chulire(x):
2       x = re.sub(r'\$\w*\s|\&\#\w*;|\#\w*','',x)
3       return(x)
4
5   df['Condition_Desc'] = df['Condition_Desc'].apply(chulire)
6   df['Model_Year'] = df['Model_Year'].astype(int)
7   df.head()
```

	Condition_Desc	Price	Location	Model_Year	Mileage	Exterior_Color
0	mint!!! very low miles	11412.0	McHenry, Illinois, United States	2013	16000	Black
1	Perfect condition	17200.0	Fort Recovery, Ohio, United States	2016	None	Black
3	CLEAN TITLE READY TO RIDE HOME	6575.0	Green Bay, Wisconsin, United States	2009	33142	Red
5	Its a 72 in good shape	1500.0	Watervliet, Michigan, United States	1972	None	Red
13	Overall, this bike is in good condition for it...	3550.0	Madison, Wisconsin, United States	2000	57898	Luxury Rich Red

续表

步　　骤	说　　明

第四步：去重复值。将子集 Condition_Desc、Price、Location 中的重复行清除	```\n1 print('数据集是否存在重复值：\n', any(df.duplicated()))\n```
	数据集是否存在重复值：
	True
	```\n1 df.drop_duplicates(subset=['Condition_Desc','Price','Location'],\n2 inplace=True)\n```
	```\n1 print('数据集是否存在重复值：\n', any(df.duplicated()))\n```
	数据集是否存在重复值：
	False

第五步：处理异常值。①对 Price 进行描述性统计；②用箱线图法检测 Price 的异常值；③用 99 分位线和 1 分位线替换异常值	```\n1 # 对Price 进行描述性统计\n2 df.Price.describe()\n``` count 1589.000000 mean 9335.728760 std 8049.837029 min 1000.000000 25% 3999.000000 50% 7400.000000 75% 12000.000000 max 100000.000000 Name: Price, dtype: float64 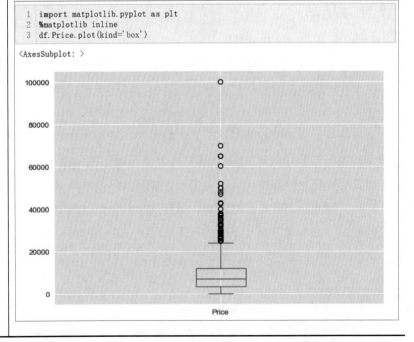

步　　骤	说　　明

```
1   # 用99分位线和1分位线替换
2   # 计算P1和P99
3   P1 = df.Price.quantile(0.01)
4   P99 = df.Price.quantile(0.99)
5
6   # 先创建一个新变量，进行赋值，然后将满足条件的数据进行替换
7   df['Price_new'] = df['Price']
8   df.loc[df['Price'] > P99, 'Price_new'] = P99
9   df.loc[df['Price'] < P1, 'Price_new'] = P1
10
11  df[['Price','Price_new']].describe()
```

	Price	Price_new
count	1589.000000	1589.000000
mean	9335.728760	9173.882316
std	8049.837029	7122.334134
min	1000.000000	1025.000000
25%	3999.000000	3999.000000
50%	7400.000000	7400.000000
75%	12000.000000	12000.000000
max	100000.000000	37060.000000

三、单元总结

1. 讨论

（1）在用 Pandas 处理数据时，参数 inspace 的作用是什么？

（2）在清洗数据时，一般先删除缺失值，再做类型转换。为什么要这样做？

2. 小结

数据清洗是对数据或数据集中的脏数据进行检测修正的过程，主要包括缺失值处理、数据类型转换、重复值处理和异常值处理等任务。数据清洗的好坏直接关系着数据质量的高低，以及后续算法性能的优劣，又由于数据清洗涉及的知识面广、技巧性强，且处理过程烦琐、耗时，因此必须要有足够的耐心做好这项数据预处理工作。目前有许多工具能提高数据清洗的效率，如本学习单元介绍的基于 Re、NumPy 和 Pandas 的 Python 工具包，希望大家在具体清洗工作中，通过不断磨炼，熟练地掌握它们。

四、单元练习

利用 Python 工具包，对配套资料 data 目录中"2-1-1"文件夹下的数据进行清洗。

学习单元2　图像数据清洗

任务描述

在文本数据清洗学习单元中，我们了解了数据清洗的重要性。同样，在计算机视觉如目标检测、跟踪等领域，人工智能模型的性能优越与否也很大程度上依赖于图像数据质量的高低。因此在图像数据标注前，对不可读的图像文件、形变的图像、模糊的图像、相似或重复的图像进行清洗，是很有必要的。本学习单元将介绍图像数据的清洗方法。

学习目标

1. 了解图像数据的常见特征。
2. 熟练掌握图像数据的清洗方法。

一、背景知识

1. 图像数据

图像数据也称数字图像，是指由被称作像素的小块区域组成的二维矩阵。下面介绍图像数据的常见特征。

（1）像素。将物理图像按行列划分后形成的每一个小块区域称为一个像素（pixel，px）。每个像素包括两个属性：位置和亮度。对于灰度图像来说，每个像素的亮度用一个数值表示，即灰度值，其范围为0~255，0表示黑，255表示白；对于彩色图像来说，每个像素用红、绿、蓝三基色分量表示。通过顺序抽取每个像素的信息，就可用一个离散的二维（或三维）数组来表示一幅连续的图像。

（2）色彩。图像根据彩色信息存储所需的位数，一般可分为单色图像（1位图像）、4色图像（2位图像）、8色图像（3位图像）、16色图像（4位图像）、256色图像（8位图像，也称灰度图像）、RGB图像（24位图像）和真彩图像（32位图像）。

（3）分辨率。分辨率可以表示图像呈现的清晰程度。常见的分辨率有位分辨率、图像分辨率、屏幕分辨率和打印分辨率等。

1）位分辨率（bit resolution）。位分辨率是用来衡量每个像素储存信息的位数，也称"位深"。这种分辨率决定了在屏幕上可显示多少种颜色，常见的有8位、24位和32位。

2）图像分辨率（image resolution）。图像分辨率是指图像中储存的信息量。这种分辨率有多种衡量方法，典型的是以每英寸（1英寸=2.54厘米）的像素数（pixels per inch，即ppi）来衡量。图像分辨率和图像尺寸决定图像文件的大小和输出质量。在图像尺寸相同的情况下，图像分辨率越大，图像文件就越大，图像的细节就越丰富。例如，一个图像分辨率为

72 ppi 的图像文件大小为 841 KB，如果不改变图像尺寸，将其图像分辨率提高到 144 ppi，则该文件大小将变为 3 364 KB，是原文件大小的 4 倍。

3）屏幕分辨率（screen resolution）。屏幕分辨率是指纵横向上的像素点数。它一般由显示卡所决定，例如，标准 VGA 显示卡的分辨率为 640 px×480 px，即宽 640 px、高 480 px。就大小相同的屏幕而言：当屏幕分辨率低时（如 640 px×480 px），在屏幕上显示的像素少，单个像素尺寸比较大；当屏幕分辨率高时（如 1 600 px×1 200 px），在屏幕上显示的像素多，单个像素尺寸比较小。屏幕尺寸一样的情况下，分辨率越高，显示效果就越精细。

4）打印分辨率（print resolution）。打印分辨率又称输出分辨率，是指打印机在每英寸上所能印刷的墨点数（dot per inch，即 dpi）极限。打印分辨率决定了输出的质量，打印分辨率越高，除可以减少打印的锯齿边缘外，在灰度的半色调表现上也会较为平滑。

（4）文件格式。随着计算机图形图像学的发展，出现了许多图像文件格式，例如，PhotoShop 用到的图像格式就有 30 多种。下面简单介绍几种常见的图像文件格式，如 BMP、GIF、JPG、TIF、PNG、TAG、PCX 等，其中 GIF、JPG 和 PNG 常用于互联网，TIF、JPG、TAG 和 PCX 常用于印刷业。

1）BMP 文件。这是一种在 Windows 下广泛使用的位图文件，它包括每个像素点 1 位、4 位、8 位或 24 位的图像。

2）GIF 文件。这种文件格式能提供足够的信息，如压缩、多图形定序、交错屏幕绘图，以及文字重叠等，并能很好地组织这些信息，方便不同设备间交换图像。

3）JPG 文件。JPG 是一种用于连续色调静态图像压缩的标准，其文件后缀为 .jpg 或 .jpeg，是一种常用的图像文件格式。它主要采用预测编码、离散余弦变换和熵编码的联合编码方式，以去除冗余的图像和彩色数据，将图像储存空间压缩到很小，是一种有损压缩格式文件。通过不同的压缩比，JPG 文件可以很灵活地调节图像的质量。

4）TIF 文件。该文件格式与计算机结构、操作系统和图形处理的硬件无关，适合于多种应用程序，可以处理黑白和灰度图形，允许使用者针对输出设备的性能进行调整。此外，TIF 还具有防止错误发生的功能，是媒体间数据交换最佳的文件格式之一。

5）PNG 文件。这是一种便携式网络图形位图格式，采用无损压缩算法，支持索引、灰度、RGB 3 种颜色方案，以及 Alpha 通道等特性。其设计目的是试图替代 GIF 和 TIF 文件格式，同时增加一些 GIF 文件格式所不具备的特性。PNG 文件使用一种从 LZ77 算法派生的无损数据压缩算法，广泛应用于 JAVA 程序和网页中，其突出特点是压缩比高，生成文件体积小。

6）TAG 文件。它最初由 AT&T（美国国际电话电报公司）开发，是一种数字化图形以及由光跟踪和其他应用程序所产生的高质量图形常用格式。目前，TAG 文件格式已被国际图形工业界广泛接受，成了一种流行的图形文件储存格式。

7）PCX 文件。这是一种在早期个人计算机软件中使用最为广泛的位图文件，能使用 24 位元彩色。

2. 图像清洗

高质量数据对于深度学习算法模型至关重要。而从不同设备或数据源采集到的图像数据会存在各种问题，如文件不可读、图像发生形变失真、图像模糊不清，以及图像相似或重复等。为提高图像数据的质量，在标注前对这些图像数据进行清洗很有必要。下面就上述存在的问题，使用Python工具包对图像进行相应的清洗。

（1）图像文件不可读。判断图像文件是否可读，可以调用PIL包的Image或OpenCV包的cv2的open方法，如图2-5所示。

```
29        for file in img_files:
30            try:
31                img = Image.open(os.path.join(root, file))
32                img.load()
33            except OSError:
34                bad_number += 1
```

图2-5　清洗不可读图像文件

（2）图像形变失真。人工智能模型的训练数据通常会要求图片大小一致。如果只通过resize方法调整，就会发生形变。如图2-6所示，要将图2-6a变换成224 px×224 px大小。可以看到商标中的圆形变成了图2-6b中的椭圆，白色五角星变形更严重，看似旋转了90°。为防止类似的形变，可通过像素填充方法，将图片变换成要求的图片大小，如图2-6c所示。

（3）图像模糊不清。针对图像模糊的一个直接方法就是调用OpenCV工具包中cv2的Laplacian函数。这是因为在正常图片中，边界比较清晰，方差会比较大；而模糊图片包含的边界信息很少，方差会较小。Laplacian函数常用于边界检测，通过设定边界阈值，就可以判断图像的模糊程度，如图2-7所示。

图2-6　清洗图像形变失真
a）原始图　b）resize方法调整效果
c）像素填充方法调整效果

```
15        img = cv2.imdecode(np.fromfile(file_path, dtype=np.uint8), -1)
16        image_var = cv2.Laplacian(img, cv2.CV_64F).var()
17        if image_var < 100:
18            filter_number += 1
```

图2-7　清洗模糊图像

（4）图像高度相似。通过视频抽帧采集到的连续图片，其相似度会很高，所以需要删除一些相似度超高的图片数据。图片相似度计算既可通过比较图像直方图，也可通过哈希值和汉明距离，还可以通过图片的余弦距离计算。如图2-8所示为用OpenCV中calcHist和compareHist函数计算两张图片的相似度。

（5）图片重复。由于数据集中的重复图片会将偏见引入模型，损害其泛化能力，所以重复图片也需要清除。判断图片重复有不少方法，如通过比较两张图片的大小、尺寸、内容等多种特征，还可通过比较图片的哈希值。如图2-9所示为计算图片差异哈希值dhash的函数。通过比较dhash是否相同，可以很容易地判断两张图片是否重复。

```
1   def calc_similarity(img1_path, img2_path):
2       img1 = cv2.imdecode(np.fromfile(img1_path, dtype=np.uint8), -1)
3       H1 = cv2.calcHist([img1], [1], None, [256], [0, 256])
4       H1 = cv2.normalize(H1, H1, 0, 1, cv2.NORM_MINMAX, -1)
5       img2 = cv2.imdecode(np.fromfile(img2_path, dtype=np.uint8), -1)
6       H2 = cv2.calcHist([img2], [1], None, [256], [0, 256])
7       H2 = cv2.normalize(H2, H2, 0, 1, cv2.NORM_MINMAX, -1)
8       similarity1 = cv2.compareHist(H1, H2, 0)
9       print('similarity:', similarity1)
10      if similarity1 > 0.98:
11          return True
12      else:
13          return False
```

图 2-8　计算图片相似度

```
8    def dhash(image, hash_size=8):
9        gray = cv2.cvtColor(image, cv2.COLOR_BGR2GRAY)
10       resized = cv2.resize(gray, (hash_size + 1, hash_size))
11       diff = resized[:, 1:] > resized[:, :-1]
12       return sum([2 ** i for (i, v) in enumerate(diff.flatten()) if v])
```

图 2-9　计算图片的 dhash 值

二、任务实施

图像数据清洗和文本数据清洗一样，是一个耗时、费力的工作。现有一个示例数据集需要清洗，它共有 28 个文件，其中图片文件 27 个，非图片文件 1 个，27 个图片文件中有 5 个文件不可读，如图 2-10 所示。数据标注员小张认真学习了本学习单元的背景知识后，准备通过如下步骤（见表 2-5）对这个示例数据集进行清洗。

图 2-10　原数据集（部分）

表 2-5　　　　　　　　　　　　　图像数据清洗

步　　骤	说　　明
第一步：清除不可读图片文件和非图片文件	```python
1   # 获取数据集文件总数、图片数、非图片文件数、破损图片数
2   import os
3   from PIL import Image
4   import shutil
5
6   def is_image(file_name):
7   extensions = [".jpg", ".jpeg", ".png", ".gif"]
8   if any(file_name.endswith(ext) for ext in extensions):
9   return True
10
11 def get_data_info(dir_path):
12   size = 0
13   number = 0
14   bad_number = 0
15   extensions = [".jpg", ".jpeg", ".png", ".gif"]
16   img_files = []
17   Noimg_files = []
18   bad_files = []
19   for root, dirs, files in os.walk(dir_path):
20   for file_name in files:
21   file_path = os.path.join(root, file_name)
22   if not is_image(file_name):
23   Noimg_files.append(file_name)
24   shutil.move(file_path, "./data/BadImgs")
25   else:
26   img_files.append(file_name)
27   try:
28   Image.open(file_path).load()
29   except OSError:
30   bad_number += 1
31   shutil.move(file_path, "./data/BadImgs")
32
33   print("文件总数：", len(files))
34   print("图片文件数：", len(img_files))
35   print("非图像文件数：", len(Noimg_files))
36   print("不可读文件总数：", bad_number)
37
38 get_data_info("./data/imgs/")
```
文件总数： 24
图片文件数： 23
非图像文件数： 1
不可读文件总数： 4 |
| 第二步：清除模糊图片 | ```python
1   # 去除模糊图片
2   import shutil
3   import cv2
4   import numpy as np
5   def filter_blurred(dir_path):
6       BlurImgs = []
7       for root, dirs, files in os.walk(dir_path):
8           for file in files:
9               file_path = os.path.join(root, file)
10              img = cv2.imdecode(np.fromfile(file_path, dtype=np.uint8), -1)
11              image_var = cv2.Laplacian(img, cv2.CV_64F).var()
12              if image_var < 100:
13                  BlurImgs.append(file)
14                  print("模糊图片：", file)
15                  try:
16                      shutil.move(file_path, "./data/BlurImgs")
17                  except OSError:
18                      continue
19      print("模糊图片数：", len(BlurImgs))
20
21  filter_blurred('./data/imgs/')
```
模糊图片： h2.png
模糊图片： h3.png
模糊图片数： 2 |

步　骤	说　明
第三步：清除重复图片	（见下方代码）

```
1   # 去重复图片
2   from imutils import paths
3   import numpy as np
4   import argparse
5   import cv2
6   import os
7
8   dataset = "./data/imgs/"
9   remove = -1
10  image_paths = list(paths.list_images(dataset))
11  hashes = {}
12  for image_path in image_paths:
13      image = cv2.imread(image_path)
14      h = dhash(image)
15      p = hashes.get(h, [])
16      p.append(image_path)
17      hashes[h] = p
18
19  for (h, hashed_paths) in hashes.items():
20      if len(hashed_paths) > 1:
21          if remove <= 0:
22              montage = None
23              img_name = ''
24              for p in hashed_paths:
25                  image = cv2.imread(p)
26                  image = cv2.resize(image, (300, 300))
27                  if montage is None:
28                      montage = image
29                  else:
30                      montage = np.hstack([montage, image])
31                  img_name += p + ' '
32              print('[INFO] hash: {}'.format(h))
33              print("重复图片文件：", img_name)
34              cv2.imshow('{}'.format(img_name), montage)
35              cv2.waitKey(0)
36          else:
37              for p in hashed_paths[1:]:
38                  os.remove(p, "./data/imgs/")
```

```
[INFO] hash: 3731336385240076945
重复图片文件：./data/imgs/5.jpeg_./data/imgs/5bk.jpeg_
[INFO] hash: 1810056303176609324
重复图片文件：./data/imgs/xs2.png_./data/imgs/xs2bk.png_
```

第四步：清除高度相似图片	（见下方代码）

```
1   # 去除相似度高的图片
2   def filter_similar(dir_path):
3       SimiliarImgs = []
4       for root, dirs, files in os.walk(dir_path):
5           img_files = [file_name for file_name in files if is_image(file_name)]
6           filter_list = []
7           for index in range(len(img_files))[:-4]:
8               if img_files[index] in filter_list:
9                   continue
10              for idx in range(len(img_files))[(index+1):(index+5)]:
11                  img1_path = os.path.join(root, img_files[index])
12                  img2_path = os.path.join(root, img_files[idx])
13                  if calc_similarity(img1_path, img2_path):
14                      filter_list.append(img_files[idx])
15                      SimiliarImgs.append(img1_path)
16                      SimiliarImgs.append(img2_path)
17                      print("高度相似图片文件：", img1_path +" "+ img2_path)
18          for item in filter_list:
19              src_path = os.path.join(root, item)
20              shutil.move(src_path, "./data/SimiliarImgs")
21      print("高度相似图片数：", len(SimiliarImgs))
22
23  filter_similar('./data/imgs/')
```

```
高度相似图片数：0
```

第五步：重设图片尺寸	（见下方代码）

```
1   # 重设图片尺寸
2   from PIL import Image
3   import os
4   import shutil
5
6   def ImgResize(dirS, dirD):
7       for root, dirs, files in os.walk(dirS):
8           for file_name in files:
9               file_path = os.path.join(root, file_name)
10              img = Image.open(file_path)
11              new_image = make_square(img)
12              #isplay(new_image)
13              new_image.save(os.path.join(dirD, file_name))
14
15  ImgResize('./data/imgs','./data/newimgs')
```

清洗后的数据集如图 2-11 所示。

图 2-11　清洗后的数据集

三、单元总结

讨论

（1）判断两张图片是否相似虽然有很多种算法，但效果却存在很大不同。人觉得相似的图片，用算法判断也会是相似的吗？

（2）在图像数据清洗过程中，如何才能较好地完成自动对一个数据集进行分类整理呢？

四、单元练习

请对配套资料 data 目录中"2-1-2"文件夹下的图像数据进行清洗。

学习单元 3　文本数据标注

任务 3-1　情感分析场景

任务描述

　　文本情感分析又称意见挖掘和情感倾向分析，是对带有情感色彩的文本进行分析归类。例如，在互联网上有大量对于人、事、物的评论，人们通过情感分析就可以从中了解大众舆论的看法和情感倾向，是喜还是怒，是赞扬还是批评等。为了让计算机也能从某段文本中辨识其情感倾向，就需要用大量情感分析的语料训练计算机模型。本任务将介绍如何对文本进行情感分析标注。

学习目标

　　1. 了解文本标注的相关知识。
　　2. 熟练掌握情感分析场景下的文本标注方法。

一、背景知识

1. 文本标注的概念

　　文本标注是对文本进行特征标记的过程。通过为文本打上具体的语义、构成、语境、目的、情感等标签，人们就可以利用这些标注好的文本数据训练模型，教会计算机识别文本中所隐含的意图或者情感，使机器可以更加人性化地理解语言。

　　一般来说，文本数据标注任务可分为实体标注、关系标注、事件抽取、情感分类等。本任务主要介绍情感分类，情感分类也称情感标注。按文本的情感倾向，情感分类可大致可划分为两类：一是情感主客观分类，二是情感极性分类，包括正面、负面、中性或愤怒、厌恶、喜欢等。按文本的标注粒度不同，情感标注又可分为词语级、句子级、篇章级三个层次，要注意的是层次虽然不同，但标注的结果仍是情感倾向性的。

　　（1）词语级。词语的情感是句子或篇章级情感分析的基础。早期的文本情感分析主要集中在对文本正、负极性的判断，具体分析方法如下。

　　1）基于词典的分析方法。利用词典中的近义、反义关系以及词典的结构层次，计算词语与正、负极性种子词汇之间的语义相似度，根据语义的远近对词语的情感进行分类。

　　2）基于网络的分析方法。利用万维网的搜索引擎获取查询的统计信息，计算词语与正、负极性种子词汇之间的语义关联度，从而对词语的情感进行分类。

3）基于语料库的分析方法。运用机器学习的相关技术对词语的情感进行分类。机器学习的方法通常是先让分类模型学习训练数据中的规律，然后用训练好的模型对测试数据进行预测。

（2）句子级。由于句子的情感分析离不开构成句子的词语的情感，句子级感情标注的方法也同样可以划分为三大类：基于知识库的分析方法、基于网络的分析方法和基于语料库的分析方法。具体方法是通过将一些情感符号、缩写、情感词、修饰词等定义为几种情感，如生气、憎恨、害怕、内疚、感兴趣、高兴、悲伤等，从而把包含相应词的句子标注为其中一种情感类别。本学习单元任务实施中进行的就是句子级情感标注。

（3）篇章级。篇章级情感标注是从整体上对文本的情绪指定一个方向或极性。例如：确定一个完整的在线评论是否传达总体正面或负面的意见，这是一个情感二分类；或从 1 星到 5 星的评分进行意见挖掘，这又是一个 5 级情感强度分类。

2. 文本情感标注的方法

用于标注文本情感的软件有许多，本学习单元介绍使用开源的 doccano 软件进行句子级的情感标注。doccano 是 document annotation 的缩写，它可以对 NLP（自然语言处理）语料库进行情感分析、命名实体识别和文本摘要等的标注任务。下面先介绍 doccano 的安装，再简单介绍其起始页面。

（1）安装与初始化。Doccano 的安装很简单，但需安装在类 Unix 系统下，这里以 Ubuntu 为例说明。

1）安装。在终端输入"pip install doccano"。

2）初始化。在终端输入"doccano init"完成数据库初始化后，输入"doccano createuser –username admin –password pass"即可创建一个 doccano 的超级用户。注意这里的用户名和密码可以自己修改设定，在后面登录 doccano 软件时要用到。

（2）起始页面。doccano 的操作界面是以网页形式呈现的，分为后台和前端两部分。

1）启动 webserver。在 Ubuntu 的一个终端输入"doccano webserver –port 8000"。

 小贴士

如果出现错误 [Errno 98] Address already in use, can't connect to ('0.0.0.0', 8000)，可用如下命令解决：① sudo lsof –i:8000；② sudo kill [PID]。

2）发起任务。在 Ubuntu 的另一个终端输入"doccano task"。

3）打开起始页面。在浏览器（推荐使用 Chrome）的地址栏中输入 http://0.0.0.0:8000/ 并回车，就可进入 doccano 软件起始页面（见图 2-12）。在此页面上，单击"GET STARTED"按钮，跳转到登录界面登录（见图 2-13）。登录之后，即可进入软件操作界面。

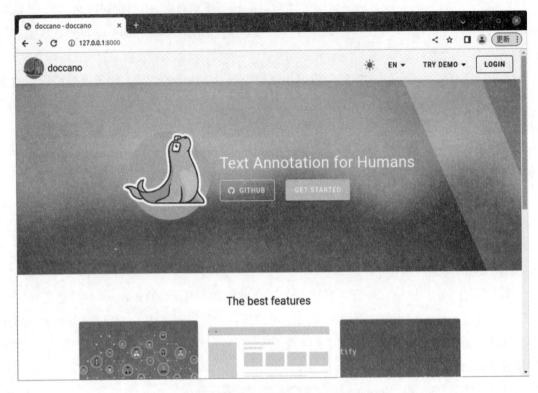

图 2-12 doccano 起始页面

图 2-13 登录界面

二、任务实施

本任务要对收集到的部分语料进行情感倾向标注，其情感极性有喜悦、愤怒、厌恶和低落等。数据标注员小张在了解了相关背景知识后，准备使用 doccano 软件完成此项标注任务，具体步骤见表 2-6。

表 2-6 　　　　　　　　　　　利用 doccano 进行文本情感标注

步　骤	说　明
第一步：建立项目。①登录 doccano 软件后，单击"Create"按钮，根据标注任务选择建立相应项目；②单击"Text Classification"栏目，并将页面滚动条向下拖；③填写项目名称、项目描述、Tags 等信息，也可根据需要单击相应的选择按钮后，单击"Create"按钮	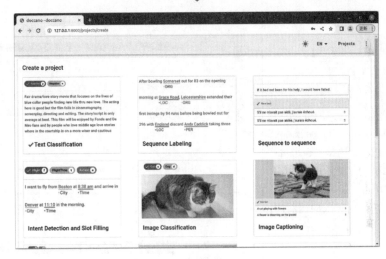

步　骤	说　明
第二步：导入语料。①依次单击"Dataset"→"Actions"→"Import Dataset"按钮；②选择"TextLine"菜单（或其他格式菜单），并单击"Drop files here..."，选择需要导入的语料库；③单击"Import"按钮	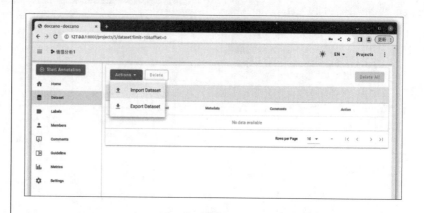 

续表

步　骤	说　明

第三步：添加标签。①依次单击"Labels"→"Actions"→"Create label"按钮；②填写"Label name""key"，选择"Color"后，单击"Save"或"Save and add another"按钮；③重复②，添加所有标签	

步　骤	说　明
	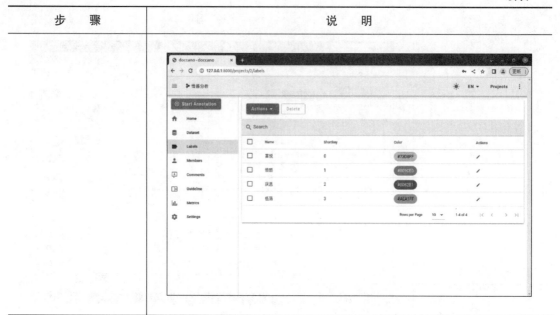
第四步：开始标注。①单击"Start Annotation"；②根据文本，选择相应的情感标签；③在此页面，如果具有审核权限，还可以检查标注是否正确，如正确，可单击工具条上的"×"按钮确认；④单击">"按钮，进行下一个文本标注；⑤重复操作，完成所有标注任务	 

步　骤	说　明

第五步：导出结果。 ①依次单击"Dataset"→"Actions"→"Export Dataset"按钮；②选择需要导出的文件格式后，单击"Export"按钮	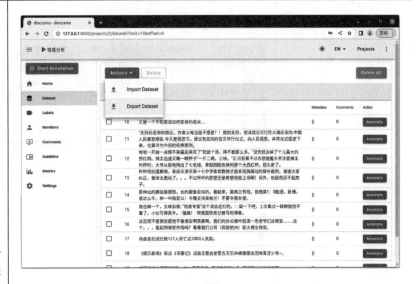 

步　骤	说　明

第六步：查看结果。 ①依次单击"Downloads"→对应的扩展名为 .zip 的文件，就可看到保存的扩展名为 .jsonl 的文件； ②双击扩展名为 .jsonl 的文件，查看标注结果	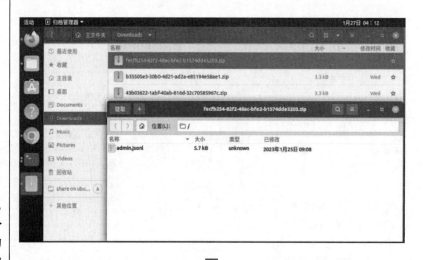 

三、单元总结

1. 讨论

（1）一个人既是数据标注员，又是审核员，是否合适？如不合适，应该如何分配权限？

（2）在利用 doccano 进行文本标注时，你认为最关键的是哪一个步骤？

2. 小结

doccano 是一个轻量化的网页标注工具，它支持 NLP 的情感分析、命名实体识别和文本摘要等标注任务。doccano 的安装、标注过程都比较简单方便，其中最为关键的是在加载语料库前，要对语料进行预处理，希望大家谨记。

四、单元练习

利用 doccano 标注软件，对配套资料 data 目录中"2-1-3-1"文件夹下的文本数据进行情感标注。

任务 3-2　实体关系场景

在前一个任务中，我们了解到通过对语料进行情感标注，可以训练人工智能模型从而帮助计算机理解语料的情感倾向。但如果想让计算机知道消费者对某一个特定商品的情感，就需要进一步将语料中的消费者和商品标注出来，并指明两者的关系。本任务将介绍命名实体标注的方法，它是建立语义表征的自然语言理解任务的核心。

1. 了解命名实体标注的相关知识。

2. 熟练掌握实体标注、关系标注的方法。

一、背景知识

1. 命名实体识别的概念

命名实体识别（named entity recognition，NER），是找出命名实体并标注其类型的过程，其中命名实体是指任何可以用专有名词指代的东西，如人物（PER）、地点（LOC）和组织（ORG）等。除以上三个常见实体标签外，命名实体还常被扩展到有些不是实体的事物上，如日期、时间、价格等。因此，一般来说，命名实体识别的任务就是识别出待处理文本中的三大类命名实体（名称类、时间类、数字类）或七小类实体（人名、机构名、地名、时间、日期、货币和百分比）。

2. 序列标注

　　与词性标注不同，命名实体识别的任务是寻找和标注一个文本跨度（span），其困难一是在于要知道什么是实体，什么不是，它们的边界在哪里。二是实体类型的模糊性，例如，"JFK"既可以是指一个人，也可以是指纽约的机场，还可以是指美国各地的学校、桥梁，以及其他事物的编号。为解决 NER 这种跨度识别问题，可使用 BIO（begin inside outside）这种序列标注的标准方法，这是一种把 NER 当作一个逐字序列标注任务的方法，通过标签来捕捉边界和命名实体类型。序列标注（sequence tagging）是 NLP 中最基础的任务，应用十分广泛，如分词、词性标注、命名实体识别、关键词提取、语义角色标注、槽位抽取（slot filling）等实质上都属于序列标注范围。除 BIO 外，实体识别常见的序列标注方法还有 BIOS（begin inside outside sigle）和 BMES（begin middle end sigle）等。下面举例说明 NER 与 BIO、BIOS 和 BMES 的关系。

　　原语料：联合航空公司的简维兰纽瓦说，芝加哥航线适用这一票价。

　　NER：［ORG 联合航空公司］的［PER 简维兰纽瓦］说，［LOC 芝加哥］航线适用这一票价。

　　BIO：联 B-ORG 合 I-ORG 航 I-ORG 空 I-ORG 公 I-ORG 司 I-ORG 的 O 简 B-PER 维 I-PER 兰 I-PER 纽 I-PER 瓦 I-PER 说 O，芝 B-LOC 加 I-LOC 哥 I-LOC 航 O 线 O 适 O 用 O 这 O 一 O 票 O 价 O。

　　BIOS：联 B-ORG 合 I-ORG 航 I-ORG 空 I-ORG 公 I-ORG 司 I-ORG 的 O 简 B-PER 维 I-PER 兰 I-PER 纽 I-PER 瓦 I-PER 说 O，芝 B-LOC 加 I-LOC 哥 I-LOC 航 O 线 S 适 O 用 O 这 O 一 O 票 S 价 O。

　　BMES：联 B-ORG 合 M-ORG 航 M-ORG 空 M-ORG 公 M-ORG 司 E-ORG 的 S 简 B-PER 维 M-PER 兰 M-PER 纽 M-PER 瓦 E-PER 说 S，芝 B-LOC 加 M-LOC 哥 E-LOC 航 S 线 S 适 S 用 S 这 S 一 S 票 S 价 S。

　　从上例可知，虽然序列标注的方法不同，但结果大同小异。

3. 命名实体标注方法

　　本任务仍然使用开源的 doccano 软件进行命名实体标注，软件的安装及启动方法请参见"任务 3-1 情感分析场景"。

二、任务实施

　　本任务需要对收集到的部分语料进行命名实体标注，其实体代码有任务（PER）、地点（LOC）、组织（ORG）、数字（NUM）、日期（DAY）、时间（TIME）等。数据标注员小张在了解了相关背景知识后，准备使用 doccano 软件完成此项标注任务，具体步骤见表 2-7。

表 2-7 利用 doccano 进行命名实体标注

步 骤	说 明
第一步：建立项目。①登录 doccano 软件后，单击"Create"按钮，根据标注任务选择建立相应项目；②单击"Sequence Labeling"栏目，并将页面滚动条向下拖；③填写项目名称、项目描述、Tags 等信息，勾选"Allow overlapping entity"（允许实体重叠）和"Use relation labeling"（使用关系标注）后，单击"Create"按钮	 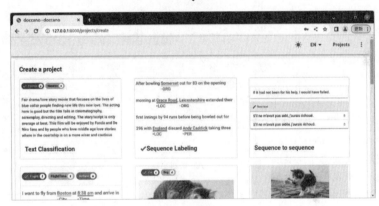

续表

步　骤	说　明
第二步：导入语料。 ①依次单击"Dataset"→"Actions"→"Import Dataset"按钮；②选择"TextLine"菜单（或其他格式菜单），并单击"Drop files here…"，选择需要导入的语料库；③单击"Import"按钮	  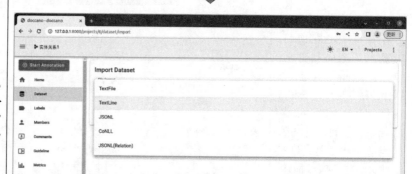

步　骤	说　明
	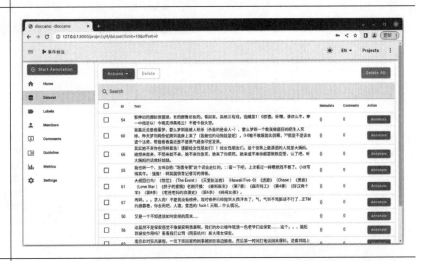
第三步：添加标签。①在"Span"标签中依次单击"Labels"→"Actions"→"Create label"按钮；②填写"Label name""key"，选择"Color"后，单击"Save"或"Save and add another"按钮；③重复②，添加完所有 Span 标签；④在"Relation"标签单击"Actions"按钮，按照上述方法添加"Relation"标签	  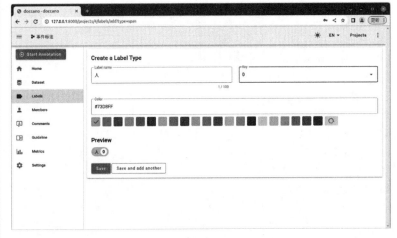

步　骤	说　明
	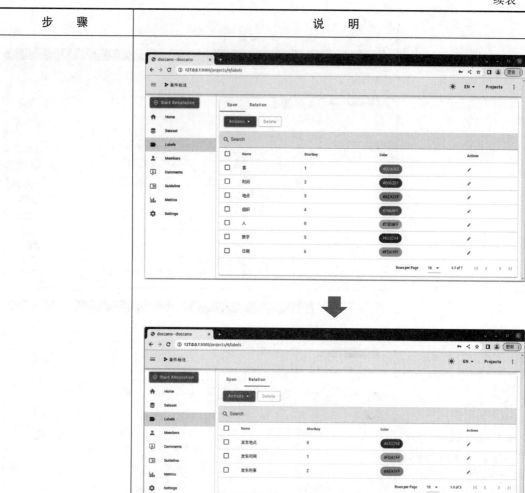

第四步：开始标注。①单击"Start Annotation"；②根据文本，选择相应的实体标签，如此重复，完成所有实体标注；③单击页面右下角"Label Types"下的"Span"按钮，显示"Relation"标签；④依次单击关系标签"发生地点"→文本中"地点"实体（舟曲）→文本中"事"

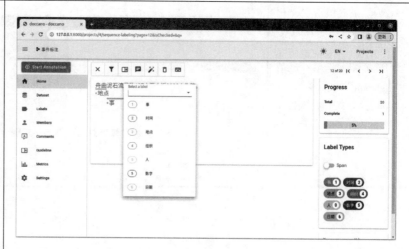

续表

步　骤	说　明
实体（泥石流）；⑤依次单击"泥石流"点→"舟曲"点，可看见在"泥石流"与"舟曲"间标注了"发生地点"关系（从"泥石流"指向"舟曲"）；⑥重复⑤标注其他关系；⑦单击">"按钮，进行下一个文本标注；⑧重复②~⑦完成所有标注任务  小贴士 在此页面，如果具有审核权限，还可以检查标注是否正确，如正确，可单击工具条上的"×"按钮确认。	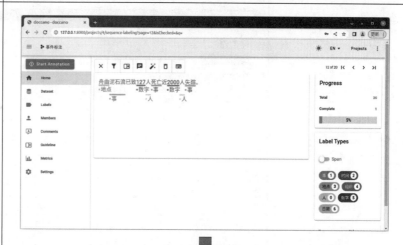 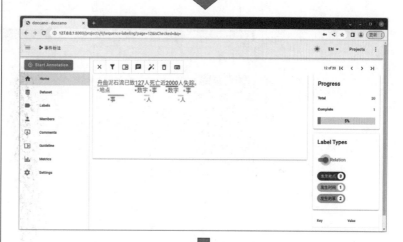 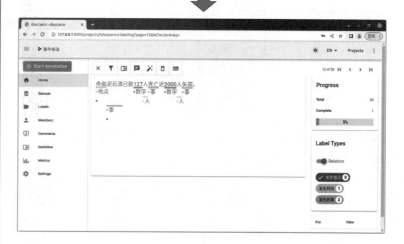

步　骤	说　明
	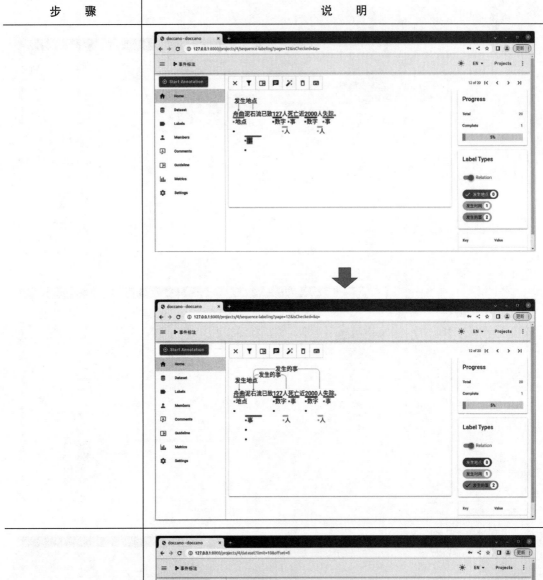
第五步：导出结果。①依次单击"Home"→"Actions"→"Export Dataset"按钮；②选择需要导出的文件格式后，单击"Export"按钮	

续表

步　骤	说　明
	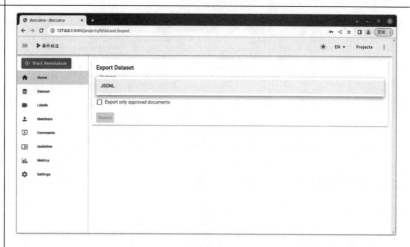 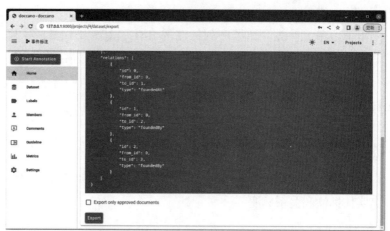
第六步：查看结果。①依次单击"Downloads"→对应的扩展名为".zip"的文件，就可看到保存的扩展名为".jsonl"的文件；②双击扩展名为".jsonl"的文件，查看标注结果	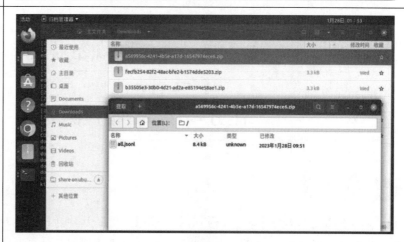

续表

步　骤	说　明
	8 {"id":57,"text":"舟曲泥石流已致127人死亡近2000人失踪。","entities":[{"id":22,"label":"地点","start_offset":0,"end_offset":2},{"id":24,"label":"事","start_offset":11,"end_offset":13},{"id":72,"label":"事","start_offset":2,"end_offset":5},{"id":73,"label":"数字","start_offset":7,"end_offset":10},{"id":74,"label":"数字","start_offset":14,"end_offset":18},{"id":75,"label":"事","start_offset":19,"end_offset":21},{"id":76,"label":"人","start_offset":18,"end_offset":19},{"id":77,"label":"人","start_offset":10,"end_offset":11},{"id":79,"label":"时间","start_offset":2,"end_offset":5},{"id":80,"label":"时间","start_offset":0,"end_offset":2},{"id":81,"label":"物","start_offset":2,"end_offset":5},{"id":83,"label":"物","start_offset":7,"end_offset":13},{"id":84,"label":"物","start_offset":14,"end_offset":21}],"relations":[{"id":17,"from_id":79,"to_id":80,"type":"发生地点"},{"id":19,"from_id":83,"to_id":81,"type":"发生的事"},{"id":20,"from_id":84,"to_id":81,"type":"发生的事"}]}

三、单元总结

1. 讨论

（1）在序列标注中，如何从 BIO 转化为 NER？

（2）利用 doccano 既可以做关系标注，也可以做事件抽取。你认为两者之间有什么不同？

2. 小结

本学习单元首先介绍了序列标注的 BIO、BIOS 和 BMES 等常用方法，并举例说明了它们与 NER 之间关系，接着以 doccano 软件为例，详细描述了命名实体标注及关系标注的步骤。由于标注过程存在较强的主观性，因此希望大家在标注时一定要熟读具体标注要求，减少标注随意性带来的错误。

四、单元练习

利用 doccano 标注软件，对配套资料 data 目录中"2-1-3-2"文件夹下的文本数据进行命名实体标注和关系标注。

学习单元 4　图像数据标注

任务 4-1　目标检测场景

任务描述

目标检测是人工智能的一个重要应用领域。为了让计算机能准确识别并定位目标，数据标注员需要在图像数据中，通过使用标签标注出需要检测的特定物体，供人工智能模型学习识别其特征。本任务将介绍如何利用矩形和多边形标注图像数据。

1. 熟练掌握矩形标注和多边形标注两种方法。

2. 了解图像数据标注的基本规范和要求。

一、背景知识

以下用一个实例对图像数据标注进行讲解。

1. 业务需求

为缓解 S 市某路口的交通拥堵现象，需要统计高峰时段经过该路口的车辆数。为此，某公司开发了一个人工智能模型，来检测经过该路口的车辆。现需要大量已标注的数据训练该模型，提高其检测精度。具体标注要求如下。

（1）标注对象。行驶中的公共汽车、小汽车、大卡车等。

（2）标注方法。矩形框、多边形框。

（3）标注正确率。不低于 98%。

（4）允许误差像素值。3 px。

（5）交付格式。每张图片对应一个 JSON 文件。

2. 工具介绍

可使用 labelme 软件完成此标注任务。labelme 是一款非常好用的开源标注软件，经过简单安装后，就可以通过交互式的图像界面（见图 2-14）进行数据标注。

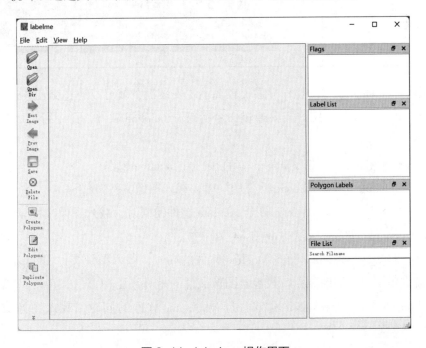

图 2-14 labelme 操作界面

（1）安装。labelme 软件是一款跨平台的标注工具，可以在 Windows、Linux 和 MacOS 等系统上运行。现以 Windows 为例，介绍其安装步骤，见表 2-8。

表 2-8　　　　　　　　　　　　　　labelme 软件安装步骤

步　　骤	说　　明
第一步：为 labelme 软件创建一个 conda 虚拟环境，并命名为 labelme	Windows PowerShell 版权所有（C）Microsoft Corporation. 保留所有权利。 安装最新的 PowerShell，了解新功能和改进！https://aka.ms/PSWindows 加载个人及系统配置文件用了 634 毫秒。 (base) PS C:\Users\ZM> conda create --name=labelme python=3
第二步：激活 labelme 环境	Windows PowerShell 版权所有（C）Microsoft Corporation. 保留所有权利。 安装最新的 PowerShell，了解新功能和改进！https://aka.ms/PSWindows 加载个人及系统配置文件用了 634 毫秒。 (base) PS C:\Users\ZM> conda activate labelme (labelme) PS C:\Users\ZM>	
第三步：安装 labelme 软件	Windows PowerShell 版权所有（C）Microsoft Corporation. 保留所有权利。 安装最新的 PowerShell，了解新功能和改进！https://aka.ms/PSWindows 加载个人及系统配置文件用了 634 毫秒。 (base) PS C:\Users\ZM> conda activate labelme (labelme) PS C:\Users\ZM> pip install labelme

（2）使用。labelme 软件的操作界面比较简洁。安装后，就可以通过交互方式进行标注。

1）打开 labelme 软件。用户需要通过命令行打开 labelme 软件，命令行可以输入以下多种形式。

①labelme。在提示符后输入 labelme，直接打开 labelme 软件。

②labelme abc.jpg。打开 labelme 软件的同时，载入图像文件 abc.jpg。

③labelme abc.jpg -O abc. Json。打开 labelme 软件的同时，载入图像文件 abc.jpg；关闭 labelme 软件时，将标注结果保存在 abc.json 文件中。

④labelme abc.jpg -nodata。打开 labelme 软件的同时，载入图像文件 abc.jpg，但在保存时，JSON 文件中不包含图像数据，只包含图像文件的相对路径。

⑤labelme abc.jpg --labels X，Y，Z。打开 labelme 软件的同时，载入图像文件 abc.jpg 和标签名 X、Y、Z。

⑥labelme datadir/。打开 labelme 软件的同时，载入文件夹 datadir 下的文件。

⑦ labelme datadir/ --labels labels.txt。在⑥的基础上，载入标签文件 labels.txt。

 小贴士

用户可以输入 labelme--help 查看命令行参数的更多信息。

2）界面介绍。labelme 软件的操作界面分为上、左、中、右区域。如图 2-15 所示为载入了图片的 labelme 窗体。

①上部。菜单栏包括"Files""Edit""View"和"Help"四个主菜单项。

②左部。工具栏包括"Open""Open Dir""Next Image""Prev Image""Save""Delete File""Create Polygons""Duplicate Polygons""Copy Polygons"等工具按钮。工具菜单默认为画多边形框，如果要画矩形、圆等其他形状的框，可在上部"Edit"菜单中选择相应子菜单。

③中部。图像显示区，也是标注操作区。

④右部。从上到下包括"Flags""Label List""Polygon Labels"和"File List"4 个区块。"Flags"是分类标签，用于给一张图像分类；"Label List"是检测标签；"Polygon Labels"是标注后的标签列表；"File List"是当前目录下的文件列表。

图 2-15　载入了图片的 labelme 窗体

二、任务实施

为完成本学习单元的标注任务，数据标注员小张认真阅读了用户的标注要求，准备使用 labelme 软件进行标注，他提炼出以下 5 个步骤，见表 2-9。

表 2-9　　　　　　　　　　　labelme 软件标注步骤

步　骤	说　明
第一步：打开 labelme 软件。①激活 labelme 环境 conda activate labelme；②转到数据所在文件夹路径 cd .\ZMfiles\数据标注 \ 教材 \data\；③打开 labelme 操作界面，labelme jt\ --labels bus,car,truck 小贴士　　　这里的文件夹路径要根据操作者的实际工作路径进行修改。	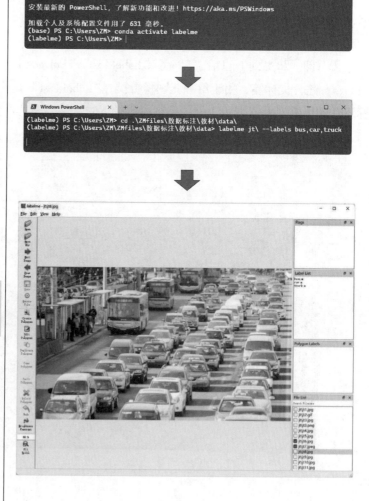

步　骤	说　明
第二步：用矩形框标注。①单击"Edit"→"Create Rectangle"；②在一个目标周围画矩形框，在弹出的对话框中选择合适的标签，单击"OK"按钮；③如此重复，标注完相应的目标 小贴士 1. 可通过鼠标滚轮或"View"菜单放大目标，查看细节。 2. 在误差范围内，矩形框应将目标对象完全包住。	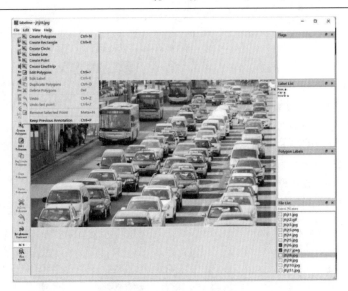 
第三步：用多边形标注。①单击工具栏中"Create Polygons"按钮，在目标周围描点画线，形成一个封闭多边形；②在弹出的对话框中，选择合适的标签，单击"OK"按钮；③如此重复，标注完对应的目标	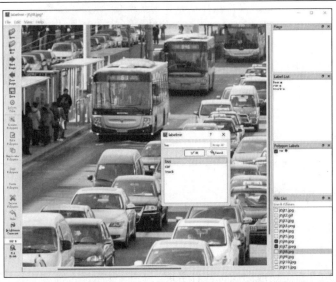

步　骤	说　明
第四步：修改标注框。①放大需要修改的图像局部；②单击工具栏中"Edit Polygons"按钮，根据需要对标注框进行修改，既可移动标注框位置，也可单击边线产生新标注点，进而通过移动标注点使标注框与目标周边更贴合	
第五步：保存。①标注完一张图片中的所有需要标注的目标后，单击工具栏中的"Next Image"按钮；②在弹出的对话框中，单击"Save"，将标注信息保存为与图片文件同名的扩展名为".json"的文件；③进行下一张图片的标注	

三、单元总结

1. 讨论

（1）在完成图像标注任务时，是否只需要标注图像中的部分目标？

（2）在完成图像标注任务时，模糊目标是否需要标注？

2. 小结

利用 labelme 软件可以很方便地完成用于训练目标检测模型的标注任务，其中矩形标注和多边形标注是较常用的两种方法。在使用矩形标注时，一定要框住目标，框不能大也不能小。在使用多边形标注时，多边形的点和线一定要紧贴目标边缘。不论是使用矩形还是多边形，标注精度都必须满足业务要求，如果精度没有达到要求，必须对标注框进行修改。

四、单元练习

利用 labelme 软件，使用矩形和多边形对配套资料 data 目录中"2-1-4-1"文件夹下的图片进行标注。

任务 4-2　语义分割场景

语义分割也是人工智能的一个重要应用领域，其目的是给图像中的每个像素分配一个对象类别，以便计算机能从像素级别理解图像的内容。因此，数据标注员要在图像上框出需要分割的每一类对象，并打上相应的标签。本任务将介绍利用多边形标注图像数据的方法，并生成相应的语义分割数据集。

1. 熟练掌握多边形标注方法。
2. 会利用标注数据生成语义分割数据集。

一、背景知识

1. 语义分割的概念

语义分割简单地说就是"像素分类"，即给定一张图片，对图片中的每一个像素点进行分类。图像语义分割是人工智能领域中一个重要的分支，是机器视觉技术中关于图像理解的重要一环。它与计算机视觉中的图像分类、图像检测、实体分割等任务的区别如图 2-16 所示。

2. 语义分割的应用

语义分割目前主要应用在地质检测、自动驾驶、精准农业，以及医疗影像分析等领域。其中，自动驾驶的核心算法就是语义分割，如图 2-17 所示，车载摄像头（或激光雷达）探查到图像后，计算机就可以通过神经网络自动将图像分割归类，以避让行人和车辆等。

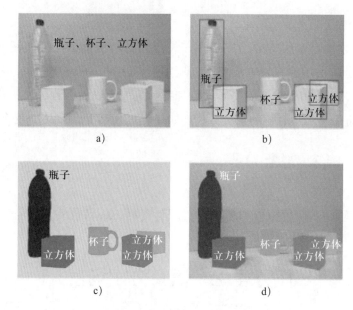

图 2-16　4 种计算机视觉任务

a）图像分类　b）图像检测　c）语义分割　d）实体分割

图 2-17　语义分割示例

3. 语义分割数据集的制作

为了让计算机能理解图像内容，自动完成对图像中物体的分割归类，就需要有相应的数据集训练神经网络。一般来说，语义分割数据集的制作有两个主要步骤：一是对图像中的物体进行分类标注，二是根据标注信息，将数据集制作成 VOC 或 COCO 格式的数据集。

（1）语义分割数据标注。本任务还是以 labelme 软件的多边形标注方法为例进行介绍，软件的安装及使用方法，见任务 4-1。

（2）语义分割数据集制作。本任务以制作 VOC 格式数据集为例，说明语义分割数据集的制作要点。

1）下载程序。在 GitHub 网站上下载以下链接指向的程序。

https://github.com/wkentaro/labelme/blob/main/examples/semantic_segmentation/labelme2voc.py

2）执行程序。在相应目录，执行 labelme2voc.py 程序。该程序将生成如图 2-18 所示文件夹，其中，"JPEGImages"是原始图片文件夹，"SegmentationClass"是原始图片的分割类数据文件夹，"SegmentationClassPNG"是分割类 PNG 图片文件夹，"SegmentationClassVisualization"是原始图片的语义分割可视化图片文件夹。

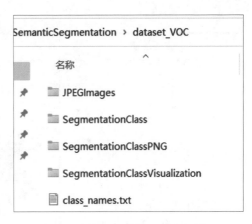

图 2-18 语义分割数据集结构示意图

二、任务实施

数据标注员小张在了解了上述相关背景知识后，准备以下列步骤完成本任务，见表 2-10。

表 2-10 利用 labelme 软件进行语义分割标注

步 骤	说 明
第一步：图像标注。①利用 labelme 软件中的多边形标注方法完成对图片的标注；②保存标注并退出 labelme 软件  小贴士 1. 这里的文件夹路径要根据操作者的实际工作路径进行修改。 2. 多边形标注方法请参照任务 4-1。	

步　　骤	说　　明
第二步：生成VOC格式的语义标注数据集。①执行命令"python .\labelme2voc.py .\image_annotated\ .\dataset_VOC--labels labels.txt"；②执行命令"cd .\dataset_VOC"；③执行命令"ls"，就能看见生成的 VOC 格式语义标注数据集	
第三步：显示语义分割 PNGlabel图片。执行命令"labelme_draw_label_png .\SegmentationClassPNG\jt12.png"	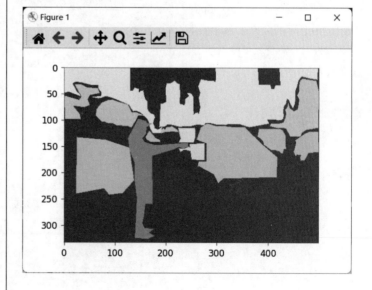

续表

步　　骤	说　　明
第四步：语义分割可视化	

三、单元总结

1. 讨论

（1）在执行语义分割标注任务时，是否需要将物体被遮挡的部位也标注出来？

（2）SegmentationClassPNG 文件夹中 PNG 图片的作用是什么？

2. 小结

使用 labelme 软件的多边形工具既可以进行目标检测标注，也可以进行语义分割标注，大家要搞清楚在标注时两者之间的区别。使用 labelme 软件自带的 labelme2voc.py 程序可以很方便地将标注信息转换成 VOC 格式的语义分割数据集，有兴趣的学员可以试着读懂它。

四、单元练习

利用 labelme 软件，将配套资料 data 目录中 "2-1-4-2" 文件夹下的图片数据集转换成 VOC 格式的语义分割数据集。

任务 4-3　自动驾驶场景

在自动驾驶环境感知系统中，获取高精度实时路况数据是决定自动驾驶系统行车安全的关键因素。由激光雷达等 3D 成像传感器采集到的 3D 点云路况数据因其密集、准确的 3D 地

理信息备受业界的关注，以此为基础的感知算法也成为自动驾驶企业的核心技术，3D点云数据标注的需求规模也随之越来越大。数据标注员的工作是要在采集到3D点云图像中，用3D框将目标物体标注出来，供计算机视觉、无人驾驶等人工智能模型训练使用。本任务将介绍如何标注3D点云数据。

1. 了解3D点云的相关知识。

2. 熟练掌握3D点云的标注方法。

一、背景知识

1. 点云的概述

（1）点云的概念。点云（point cloud）是在某个坐标系下的大量点的集合。点可以包含丰富的信息，如空间中的一个点至少包含了三维坐标信息，除此之外，还可以包括颜色信息、类别标签、光照强度，以及法向量等信息。如图2-19所示的街景模型就是通过点云建模而成的。

图2-19　点云建模效果图

（2）点云的获取。点云需要通过三维成像传感器，如三维激光雷达扫描仪、双目相机或RGB-D相机等获得，其成像原理包括激光测量原理和摄影测量原理。根据激光测量原理得到的点云，包括三维坐标（XYZ）和激光反射强度（intensity）。强度信息与目标的表面材质、粗糙度、入射角方向，以及仪器的发射能量、激光波长有关。根据摄影测量原理得到的点云，包括三维坐标（XYZ）和颜色信息（RGB）。结合激光测量和摄影测量原理得到的点云，包括三维坐标（XYZ）、激光反射强度（intensity）和颜色信息（RGB）。

（3）点云的格式。目前点云的主要存储格式包括 PTS、LAS、PCD、XYZ 和 PCAP 等。

1）PTS 是最简便的点云格式，直接按 XYZ 顺序存储点云数据，可以是整型或者浮点型。

2）LAS 是激光雷达数据，存储格式比 PTS 复杂，包括 C、F、T、I、R、N、A、RGB 等。其中，C 为 class（所属类），F 为 flight（航线号），T 为 time（GPS 时间），I 为 intensity（回波强度），R 为 return（第几次回波），N 为 number of return（回波次数），A 为 scan angle（扫描角），RGB 为 red green blue（RGB 颜色值）。

3）PCD 是 PCL（point cloud library）库官方指定格式，支持多维点类型扩展机制，能够更好地发挥 PCL 库的点云处理性能。文件格式有文本和二进制两种格式。

4）XYZ 是一种文本格式，前面 3 个数字表示点坐标，后面 3 个数字是点的法向量，数字间以空格分隔。

5）PCAP 是一种通用的数据流格式，是现在广泛使用的 Velodyne 公司出品的激光雷达采集数据时默认的文件格式。它是一种二进制文件格式。

2. 3D 点云语义分割标注

与 2D 图像语义分割标注类似，3D 点云语义分割也是对不同的待标注对象进行上色分割、赋予语义标签，不同的是 3D 点云语义分割需要在 3D 点云中对每个像素点指定一个类别标签，如车辆、行人、道路、树和建筑等，如图 2-20 所示。由于 3D 点云语义分割标注对路况数据的反馈更为精准，因此，3D 点云语义分割标注在自动驾驶感知算法中所占的比重也越来越高。

a)　　　　　　　　　　　　　　　　b)

图 2-20　3D 点云语义分割标注示意图

a) 原始点云　b) 分割点云

3. 点云标注工具介绍

目前，有许多针对 3D 点云数据的标注工具，如 Semantic Segmentation Editor、Point Cloud Annotation Tool、CloudCompare、SUSTechPoint，以及 SAnE 等。本任务将使用 CloudCompare 软件完成标注，下面介绍其操作界面，如图 2-21 所示。

图 2-21　CloudCompare 操作界面

（1）主菜单。主菜单包括"File""Edit""Tools""Display""Plugins""3D Views""Help"等。

（2）主工具栏。主工具栏有助于快速访问主要的编辑和处理工具，包括打开、保存等工具。

（3）标量字段工具栏。该工具栏有助于快速访问标量字段相关工具。

（4）查看工具栏。该工具栏有助于快速访问与显示相关的工具。

（5）数据库树。数据库树用于选择和激活实体（如点云）及其功能。

（6）属性视图。属性视图用于显示所选实体的相关信息。

（7）操作区视图。操作区视图显示主要工作区。

二、任务实施

本任务需要在一张 3D 点云图上将地面、建筑物、交通信号灯、垃圾箱、行人、小汽车和树分割标注出来，其类别分别是 1、2、3、4、7、8、9。3D 点云的语义分割标注方法与前面任务所讲的 2D 图像语义分割标注的方法类似。数据标注员小张在了解了上述相关背景知识后，准备利用 CloudCompare 软件完成本任务，进行点云数据语义分割标注的步骤见表 2-11。

表 2-11　　　利用 CloudCompare 进行点云数据语义分割标注

步　骤	说　明
第一步：打开软件。双击桌面上的 CloudCompare 图标，打开软件	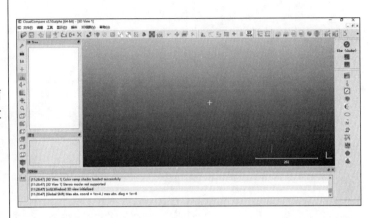
第二步：打开文件。①单击"File"→"Open"，打开点云文件，或直接将点云文件拖拽到软件操作区；②单击"Apply"或"Apply all"按钮，显示点云文件；③利用鼠标左键调整点云视图的角度和大小，利用鼠标右键移动其位置 　小贴士 　　利用鼠标滚轮可以放大或缩小点云视图。	

步　骤	说　明
	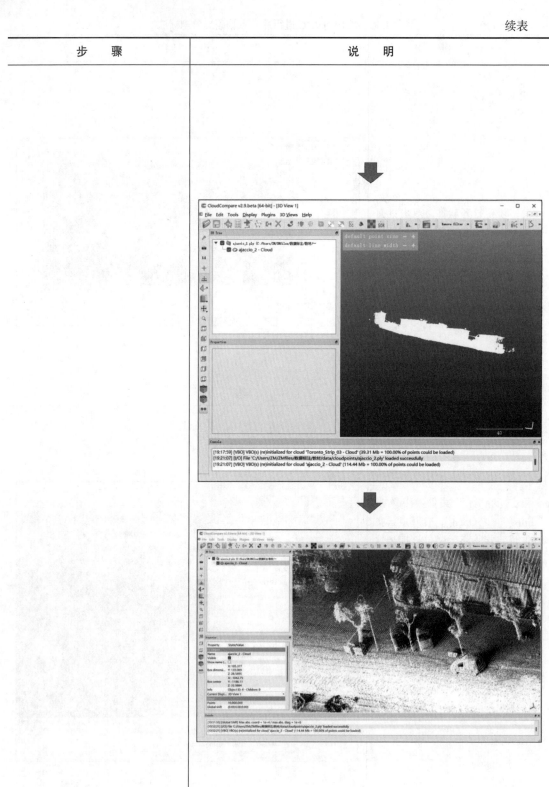

续表

步　骤	说　明
第三步：框选点云。①选择并单击数据库树窗口中的点云文件；②单击标量字段工具栏中剪刀形状的按钮，出现 Segment 工具条；③在需要标注的物体边缘单击画多边形，待包住整个物体后单击右键形成封闭的多边形；④单击 Segment 工具条上的"Segment in"按钮；⑤单击 Segment 工具条上的确定按钮	 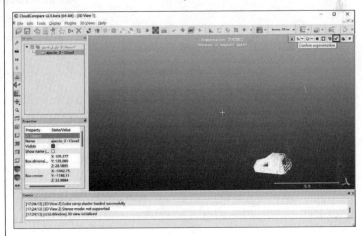 

步　　骤	说　　明
第四步：点云分类。①单击数据库树中的"Cloud segmented"点云，再单击工具栏中的"+"按钮；②在弹出的对话框中添加一个"Label"字段，单击"OK"按钮；③在弹出的对话框中输入"8"（此物体类别标签为8，代表小汽车），单击"OK"按钮	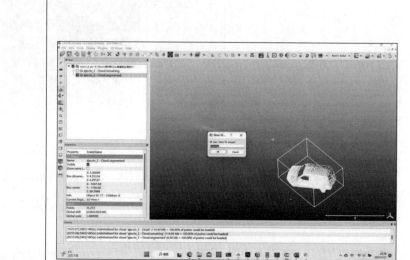 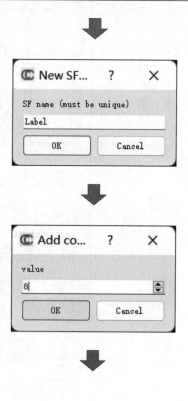

步　骤	说　明
	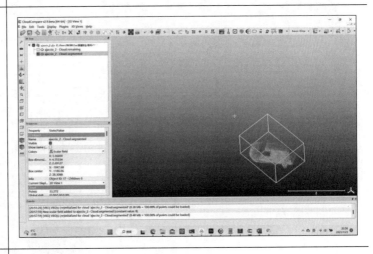
第五步：重复标注。①去掉分割得到的点云图文件"Cloud segmented"的复选框，再单击"Cloud remaining"文件；②重复第三步中的②~⑤，完成一个新的框选；③重复第四步，对新分割的点云分类；④重复以上操作，直到需要标注的物体标注完成 小贴士 　　在对新目标标注时，要善于利用鼠标左右键及滚轮，调整点云的视角和大小，以方便框选目标。	
第六步：合并标注。①勾选并选择所分割的点云；②单击工具栏上"Merge multiple clouds"按钮；③勾选原点云图	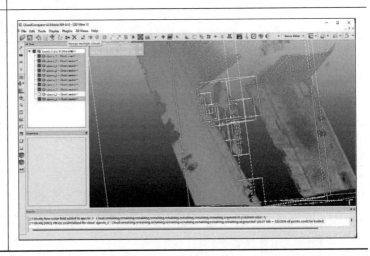

步　　骤	说　　明
	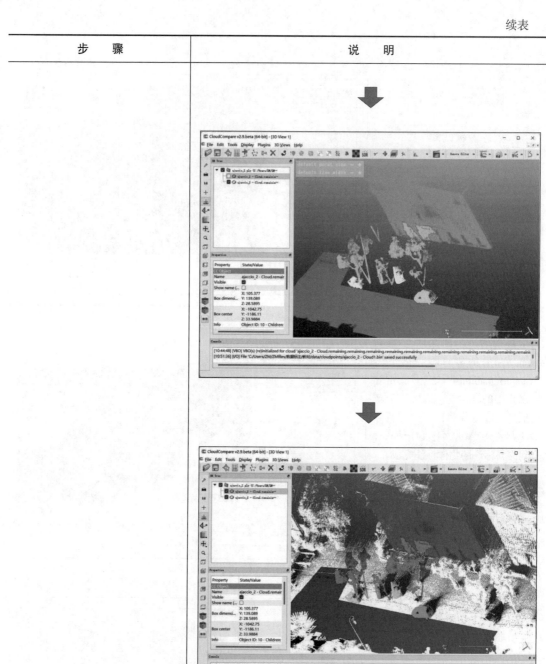

三、单元总结

1. 讨论

（1）在完成 3D 点云语义分割标注任务时，分割工具栏中的" Segment in"与" Segment out"按钮的作用有什么不同？

（2）在利用 CloudCompare 软件做点云语义分割任务时，如何暂存已操作，以供后续接着操作？

2. 小结

3D 点云是三维空间中点的数据集，在自动驾驶、地质分析和精准农业等领域有着广泛的应用。本任务通过 CloudCompare 软件介绍了 3D 点云数据的语义分割标注方法，主要步骤如下：先通过多边形工具对需要标注的物体进行点云分割，再对分割的点云标注上相应的语义标签，最后对已标注的点云进行合并。在点云分割过程中，要不断调整点云的视角和大小，以提高分割的准确度。应注意的是，点云分割只是 CloudCompare 软件的诸多功能之一，有兴趣的学员可以继续学习它的其他功能，如配准、重采样等。

四、单元练习

利用 CloudCompare 软件，将配套资料 data 目录中"2-1-4-3"文件夹下的 3D 点云数据进行语义分割。

学习单元 5 语音数据标注

语音是人类交流最直接的工具，如果希望计算机能听懂人类的语音，目前常用的方法是先把音频转成文本，再让计算机根据文本理解音频的含义。这种将人的语音转换成文本的技术就是语义识别。为了提高机器语音识别的准确度，就需要通过大量标注过的语音数据去训练人工智能模型，语音标注需求也应运而生。本学习单元将介绍如何对语音进行标注。

1. 了解语音标注的相关知识。
2. 熟练掌握语音标注的基本方法。

一、背景知识

1. 语音标注简述

语音标注是数据标注员把语音中包含的信息"提取"出来，并转写成文字的过程。标注后的数据被用于训练人工智能模型，这相当于给计算机系统装上了"耳朵"，使其具备了

"能听"的功能，从而完成精准的语音识别任务。按标注的对象及方法的不同，语音标注可分为语音转写、语音切割、语音清洗、情绪判断、声纹识别、音素标注、韵律标注和发音校对等。

（1）语音转写。语音转写是一种将人的语音转换成文本的技术，也就是通常所说的自动语音识别（automatic speech recognition，ASR）。它是数据标注领域常见的一种标注形式。

（2）语音切割。语音切割是识别自然语言中的单词、音节或音素之间的边界的过程。语音切割是语音识别技术领域的一个重要的子问题。正如大多数自然语言处理问题一样，进行语音分割需要考虑到语境、语法和语义。

（3）语音清洗。语音清洗是对语音进行重新审查和校验的过程，目的在于删除重复的信息，纠正存在的错误，并提供语音一致性。语音清洗是语音数据预处理的第一步，也是保证后续结果正确的重要一环。

（4）情绪判断。语音中的情绪信息是反映人类情绪的一个非常重要的行为信号。识别语音中所包含的情绪信息是实现人机交互的重要一环。这是因为同样一条语音内容，用不同的情绪说出来，其所带有的语义可能是完全不同的。只有计算机在识别语音内容的同时也能识别语音所带的情绪，才能准确地理解语音的语义，因此理解语音的情绪能让人机交互变得更有意义。

（5）声纹识别。声纹识别是生物识别技术中的一种，是通过对一种或多种语音信号的特征分析，达到对未知声音辨别的目的，简单地说，就是辨别某句话是否出自某个人之口的一种技术。这是因为不同的人说话时所使用的发声器在尺寸和形态方面都有所不同，所以每个人的声纹图谱都有一定的差异，主要体现在共鸣方式特征、嗓音纯度特征、平均音高特征和音域特征4个方面。声纹识别把声信号转换成电信号，再用计算机进行识别。声纹识别主要应用在需要利用声纹鉴定人员身份的场景中，在日常生活中，还可以利用声纹密码进行身份认证、登录、授权、打卡、语音唤醒等操作。

（6）音素标注。音素标注是根据音标、音素和读音对语音进行标注。音素是根据语音的自然属性划分出来的最小语音单位。依据音节里的发音动作来分析，一个动作构成一个音素。例如，汉语音节"啊（ā）"只有一个音素，"爱（ài）"有两个音素，"代（dài）"有3个音素。音素是构成音节的最小单位或最小的语音片段。例如，"普通话"由3个音节组成，可以分析成"p""u""t""o""ng""h""u""a"8个音素。音素一般用国际音标标记。国际音标是国际上通行的一种记音符号，由国际语音协会于1888年制定公布，后经多次修改。国际音标的音标符号与全人类语言的音素一一对应。

（7）韵律标注。韵律标注一般采用基于文本信息预测韵律的方式进行。以中文标注为例，基于文本信息进行韵律预测，通常根据声母、韵母、词、短语、段落等信息确定的韵律预测结果。韵律标注一般由专业的标注人员根据韵律预测结果完成。

（8）发音校对。发音校对是对整个口语训练过程中采集到的数据中的不标准发音进行纠正的过程。

2. 语音专业名词解析

为了更好地完成语音标注任务，下面先介绍一些语音声学方面的知识。

（1）截音。截音也称"切音"，是指录制开始或结束时，未将朗读的某个字录全。例如，录制句子"去吃饭"，开头出现截音，只录了"u（音）吃饭"。截音有的时候不易分辨，需要仔细听语音，才能确定是否存在截音。如果听得不够仔细，上例可能就会被误判为"吃饭"，这样就会直接影响标注结果。

（2）音高。音高是指人听到的声音的高低。人们耳朵所感觉到的音的高低是由物体的振动频率决定的。物体振动频率越快，人们听到的声音就越高。音高只有在一定时间内，物体发生有规律的振动时，才能被人们感觉到。如果没有规律，人们听到的就是没有音高的噪声。

（3）音长。音长是声音持续的时间。它由发音时物体振动持续时间的长短决定，发音体振动时间长，则音长越长，否则就越短。汉语中一般不用音长作为主要的区别意义的手段，但音长作为发音中的一个自然属性，经常以伴随性的特征出现。

（4）音强。音强是指耳朵感知的声音大小。它取决于发音体振动幅度的大小。幅度越大则声音越强，反之则越弱。声音的强弱由发音时用力大小所决定。用力越大，则振幅越大，音强就越强；用力越小，则振幅越小，音强就越弱。

（5）音色。音色是指声音的本质特征，是将一个音与其他音进行区别的最根本的特征。音色常用来区分不同类型的声音，也经常被称为"音的色彩"或"音的质地"。它取决于发音时的音波的形状，波形不同，音色就不同。在语音中，一个音素代表一种音色，不同的音素代表不同的音色。

（6）采样。由于声音是模拟连续信号，而计算机只能处理数字离散信号，因此要用计算机来分析和处理声音，就需要将模拟连续信号转换为数字离散信号。采样就是按照一定时间间隔从模拟连续信号中提取一定数量的样本，用二进制码0和1表示，这些0和1就构成了数字音频文件。

（7）采样率。采样率表示每秒对原始信号采样的次数。显然，在一秒内采样的次数越多，获取的信息就越丰富。为了复原波形，一次振动中至少得有两个采样点，要想使采集到的信号不失真，采样频率规定至少为语音频率的两倍，因此要得到一个频率为 10 kHz 的声音，则其采样率至少要大于 20 kHz 的。采样率越高，数字信号的保真度越高，但同时占用的存储空间越大。如果采样率低于语音频率的两倍，则会产生低频失真、信号混淆现象。

（8）采样精度。采样精度是指存放一个采样值所使用的位数。当用 8 位存放一个采样值时，对声音振幅的分辨等级理论上为 256 个，即 0~255；当用 16 位存放一个采样值时，对声音振幅的分辨等级理论上为 65 536 个，即 0~65 535。如果将采样精度设置为 16 位，计算机记录的采样值范围则为 –32 768 到 32 767 之间的整数。采样率和采样精度越大，记录的波形越接近原始信号，但同时占用的内存空间也越大。

（9）声道。声道指输入或输出信号的通道。通常用多声道来输入或输出不同的信号。如果只需要录制一个位置的一种信号，仅使用单声道即可。

（10）信噪比。信噪比指信号与噪声之间的能量比。录音时信噪比越高越好。16 位采样率的信噪比大约是 96 dB，8 位采样率的信噪比大约是 48 dB。

3. 语音标注的方法

本学习单元使用开源工具 Praat 软件对语音进行标注。Praat 软件是一款专业语音处理软件，可以完成语音数据标注、语音录制、语音合成、语音分析等任务，具有占用空间小、通用性强、可移植性好等特点。下面简单介绍 Praat 软件的安装及语音标注操作界面。

（1）安装。Praat 是一款跨平台语音处理软件，其安装过程比较简单。下面以 Windows 系统为例来说明。

1）下载软件。从 Praat 官网（见图 2-22）下载软件。单击网页左上角"Download Praat"下的"Windows"链接，再单击"praat6305_win64.zip"链接，就能下载适用于 Windows 系统的 Praat 软件。

图 2-22　Praat 官网

2）安装软件。解压下载的软件包后，单击"Praat.exe"即可打开 Praat 软件，其操作界面如图 2-23 所示。

（2）使用。打开 Praat 软件后，可见到两个窗口，进行语音标注可使用左边的"Praat Objects"窗口。使用 Praat 软件标注语音一般分为 5 个步骤：导入语音文件、生成 TextGrid 文件、打开语音编辑器、标注语音、保存语音标注文件，具体操作详见任务实施。

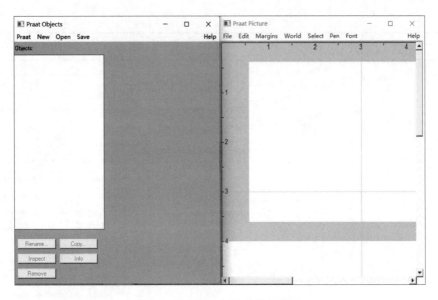

图 2-23　Praat 软件操作界面

二、任务实施

数据标注员小张在了解了上述背景知识后，准备使用 Praat 软件对一段语音进行标注，具体操作步骤见表 2-12。

表 2-12　　　　　　　　　　利用 Praat 软件进行语音标注

步　　骤	说　　明
第一步：导入语音文件。单击"Open"菜单→"Read from file"→找到要打开的文件→打开，文件被添加至 Praat 软件中	![Praat Objects 界面，Open 菜单展开显示 Read from file... Ctrl-O, Open long sound file... Ctrl-L, Read separate channels from sound file..., Read from special sound file, Read Table from tab-separated file..., Read Table from comma-separated file..., Read Table from semicolon-separated file..., Read Table from whitespace-separated file..., Read TableOfReal from headerless spreadsheet file..., Read Matrix from raw text file..., Read Strings from raw text file..., Read from special tier file...]

续表

步　　骤	说　　明
	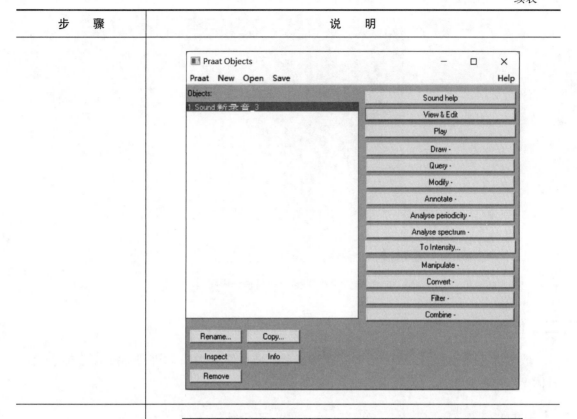
第二步：生成 Text Grid 文件。选中要转写的语音文件，再单击"Annotate"→"To Text Grid"	

步　骤	说　明
	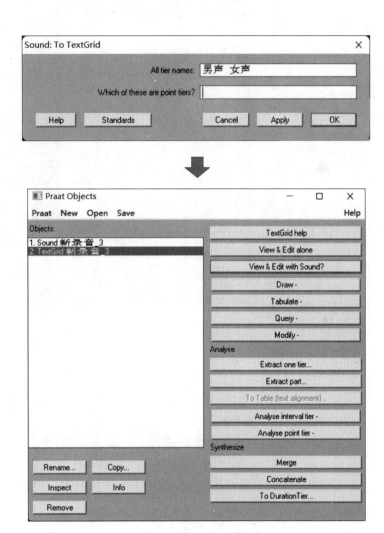

步　骤	说　明
第三步：打开语音编辑器。①按住 Ctrl 键的同时选中语音文件和对应的 TextGrid 文件；②单击右侧工具栏中的"View & Edit"按钮	 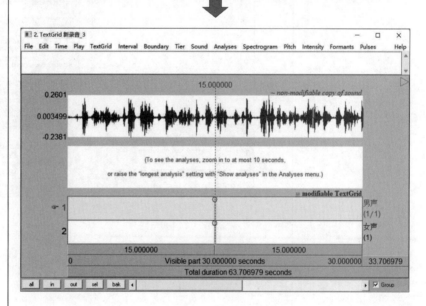

续表

步　　骤	说　　明

第四步：标注语言。①选择一段音频；②单击左下角工具栏中的"sel"按钮；③单击此段语音起始位置，再单击女声层的空心圈，设置此段语音的起始边界；④单击此段语音终止位置，再单击女声层的空心圈，设置此段语音的终止边界；⑤单击女声层，并在菜单栏下方的文本框内编辑此段语音对应的文本；⑥单击左下角工具栏中的"all"按钮；⑦重复以上操作，标注下一段语音，如此反复，直到标注完该语音文件为止

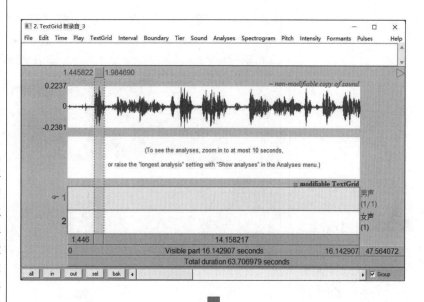

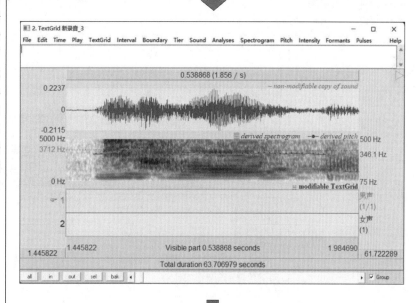

续表

步　骤	说　明
 小贴士 　　一段语音的起始边界和终止边界可以修改位置，也可删除重新设置。	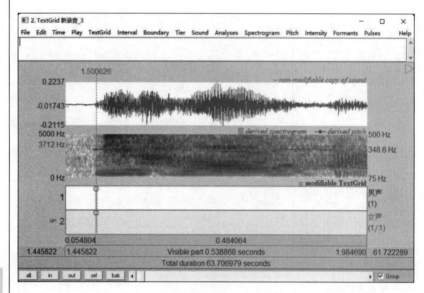 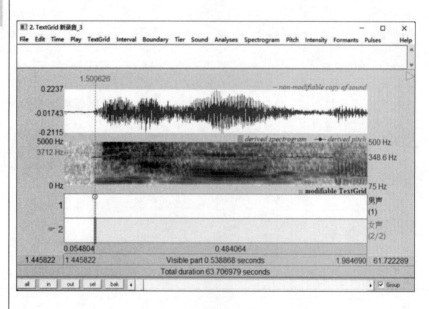

续表

步　　骤	说　　明
	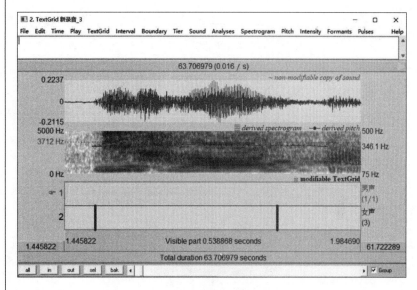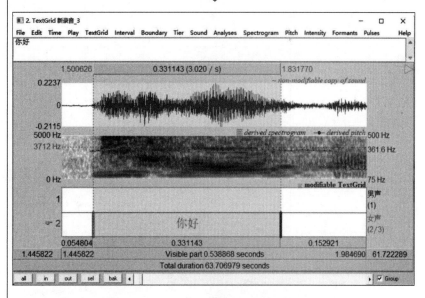

步　骤	说　明

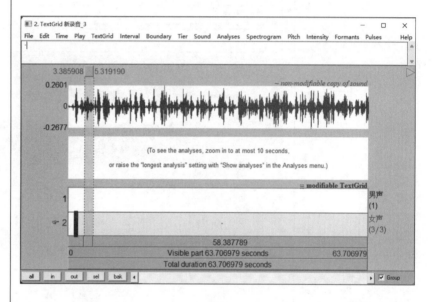

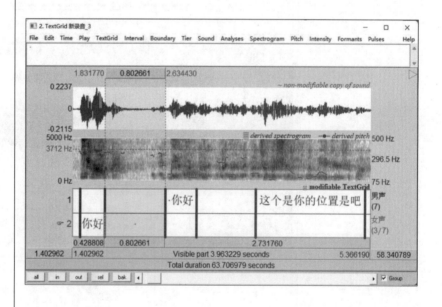

步　骤	说　明

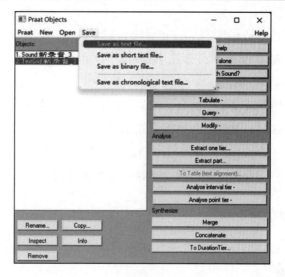

第五步：保存标注文件。①单击"Praat Objects"窗口→对应的 TextGrid 文件；②单击"Save"菜单→"Save as text file"，保存在对应语音文件所在文件夹中；③查看对应的 TextGrid 文件

```
新录音_3.TextGrid - 记事本                    —    □    ×

文件　编辑　查看                                     ⚙

item []:
    item [1]:
        class = "IntervalTier"
        name = "男声"
        xmin = 0
        xmax = 63.70697916666666
        intervals: size = 7
        intervals [1]:
            xmin = 0
            xmax = 1.4993433850324458
            text = ""
        intervals [2]:
            xmin = 1.4993433850324458
            xmax = 1.830085945727826
            text = ""
        intervals [3]:
            xmin = 1.830085945727826
            xmax = 2.634430106982402
            text = ""
        intervals [4]:
            xmin = 2.634430106982402
            xmax = 3.048370045938684
            text = "·你好"
        intervals [5]:
            xmin = 3.048370045938684
            xmax = 3.840668160703417
            text = ""
        intervals [6]:
            xmin = 3.840668160703417
            xmax = 5.289775255900915
            text = "这个是你的位置是吧?·"
        intervals [7]:
            xmin = 5.289775255900915
            xmax = 63.70697916666666
            text = ""
    item [2]:
        class = "IntervalTier"
        name = "女声"
        xmin = 0
        xmax = 63.70697916666666
        intervals: size = 7
        intervals [1]:
            xmin = 0
            xmax = 1.500626281612568
            text = ""
        intervals [2]:
            xmin = 1.500626281612568
            xmax = 1.8317695846710254
            text = "你好"
        intervals [3]:
            xmin = 1.8317695846710254
            xmax = 2.634430106982402
            text = "·"

行1, 列1    100%      Windows (CRLF)        UTF-16 BE
```

三、单元总结

1. 讨论

（1）在利用 Praat 软件标注语音时，需要边听边标。如何只听语音文件中的某一段语音？

（2）在利用 Praat 软件标注语音时，"point tier"按钮有什么作用？

2. 小结

将语音转换成文字，将各种声音提取标注后，转换成计算机能够识别的编码。计算机通过学习这些编码，就能具备语音识别的能力。因此，语音标注工作是人工智能赋能的一个重要基石。使用 Praat 软件可以很方便地对多种语音进行标注。不仅如此，它还提供了语音录制、合成、分析等功能，值得学员进一步深入学习。

四、单元练习

利用 Praat 软件，对配套资料 data 目录中"2-1-5"文件夹下的语音数据进行标注。

学习单元6 视频数据标注

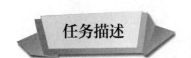

任务描述

在生活中，人眼除看到一幅幅静止的图像外，看得更多的是连续运动的景象，即视频。因此，与图像标注一样，视频标注的需求也越来越大。例如，在自动驾驶场景下，为了让自动驾驶车辆安全行驶，就需要大量标注好的视频数据，来训练车载计算机模型准确跟踪和捕捉分析周边环境中不断运动的人、车辆等。本学习单元将介绍视频数据标注。

学习目标

1. 了解视频及视频标注的相关知识。

2. 熟练掌握视频标注的基本方法。

一、背景知识

1. 视频简述

视频（video）是指一组连续动态变化的数字图像。这组图像中的每一张称为一帧。要获得较好的观看效果，如电影，帧速率通常为 24 fps。

（1）视频数据的特征。与图像、文本等数据相比，视频数据含有的信息更为丰富，能更加生动、直观地记录事物的变化，表现效果也更加真实高效。

（2）视频数据的结构。图像数据记录的是一个时刻的空间信息，而视频数据记录的既有空间信息，又有时间信息，时间信息通常通过时间轴来表示。

（3）视频数据的大小。拥有更为丰富信息的视频数据，其文件的体积比图像和文本类数据更大，也意味着对存储空间和传输信道的要求更高。因此，在处理视频数据时都要进行压缩编码。

（4）视频数据的格式。为了在保证视觉效果的前提下，尽可能减少视频文件的大小，目前有许多视频压缩格式，常见的有 MP4、AVI、WMV、FLV、RMVB、SWF 和 FLV 等。

1）MP4。MP4 或 MPEG4 是 MPEG 家族诸多压缩格式中的一种。为了适应不同的应用环境，MPEG 包括 MPEG-1、MPEG-2 和 MPEG-4 等多种视频格式。其中，MPEG-1 用于 VCD 制作，MPEG-2 则主要应用于 DVD 制作，MPEG-4 包含了 MPEG-1 及 MPEG-2 的绝大部分功能及其他格式的长处，并加入、扩充对虚拟现实模型语言（virtual reality modeling language，VRML）的支持，面向对象的合成档案（包括音频、视频及 VRML 对象），以及数字版权管理及其他互动功能。MPEG-4 的主要用途在于网上视频流、视频电话，以及电视广播等。

2）AVI 是微软公司推出的一种视频、音频交错格式，其具有可伸缩性，可跨平台使用，图像质量好，但占用空间较大。

3）WMV 是微软公司推出的一种视频格式，能在互联网上实时传播，其特点有可扩充性和流的优先级等。

4）RMVB 是在 RM 格式基础上发展出来的一种新视频格式。它对于静止和动作少的画面采用较低的编码速率，以留出更多的带宽给快速运动的画面，打破了 RM 格式平均压缩采样的方式，在保证静止画面质量的前提下，大大提高了运动图像的画面质量，从而实现了图像质量和文件大小之间的平衡。

5）SWF 是一种基于矢量的 Flash 动画文件。SWF 格式主要应用于网页设计和动画制作等领域。

6）FLV 格式是随 Flash MX 的推出发展起来的一种新视频格式，其文件体积小，加载速度快，特别适合在视频分享网站上使用。

2. 视频数据标注

视频数据标注主要有视频属性标注、视频切割标注和视频连续帧标注。下面分别进行简单介绍。

（1）视频属性标注。视频属性标注针对视频某一属性的特点进行描述，又可分为视频分类标注、视频质量标注和视频相关性标注。视频分类标注是对视频的主题、拍摄手法、敏感内容或其他细分类型进行分类标注，以方便归档和查找；视频质量标注是对视频及其对应封面的质量进行分档打分，以便让更优质的视频优先呈现在用户面前，提升用户对视频软件的使用体验；视频相关性标注是判断视频内容与其他标注对象（如搜索词）的相关程度，以提高视频搜索效率。

（2）视频切割标注。视频切割也称视频截取，是对视频中需要进行截取的视频或时间片段进行标注。数据标注员在进行视频切割前，要评估该视频是否有需要切割的片段，如有，则要精准定位切割的起始时间和终止时间，完成切割后，对切割出的视频片段进行注释说明。

（3）视频连续帧标注。视频连续帧标注通常是对视频的每一帧图像进行标注。此类标注是本学习单元要介绍的重点。数据标注员在进行视频连续帧标注前，要先明确标注对象，然后要精准掌握标注需求和相关标注规则，如遮挡比例、截断程度、分辨率等。在具体标注过程中，标注方法与图像标注基本相同。由于视频标注除了需要对每一帧图像进行标注外，还要跟踪各帧之间不断变换状态的标注对象，标注工作量较大。为了提高视频标注的效率，数据标注员可以使用一些自动化标注工具自动跨帧跟踪对象，实现预标注，然后对预标注进行微调修改。

3. 视频标注的方法

目前，视频标注主要有以下两个方法：单一图像法和连续帧法。单一图像法是对视频中的每一帧分别采用图像标注技术标注出对象，常使用 labelme 等软件来完成。连续帧法是通过使用自动化工具（如人工智能模型），逐帧跟踪对象及其位置，进行预标注，然后人工进行微调修正。连续帧法的常用工具有 Vott 和 CVAT 等软件。本学习单元将采用 CVAT 软件进行视频标注。下面介绍 CVAT 软件的安装和功能。

（1）安装。CVAT 软件可以有以下两种使用方法：一种是使用远程服务器（cvat.ai）在线标注；另一种是使用本地服务器离线标注。这两种使用方法的安装过程有较大差别。

1）在线标注。不需要安装，直接在浏览器访问 CVAT 官网即可，如图 2-24 所示。在线标注使用的是 CVAT 软件的最新版本，最多可以建 10 个任务，并且能上传多达 500 MB 需要标注的数据，但这些标注任务只限于单人，不能进行团队共享标注，目前也没有诸如管理和监控标注团队的分析功能。

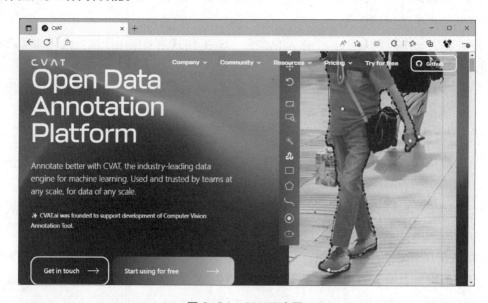

图 2-24　CVAT 官网

2）离线标注。如果要以团队形式进行标注，就需要在本地安装 CVAT 软件。下面以 Ubuntu 为例介绍 CVAT 软件安装过程，步骤见表 2-13。

表 2-13　　　　　　　　　　　在 Ubuntu 系统上安装 CVAT 软件

步　骤	说　明
第一步：安装 Docker。①更新 apt 软件包索引；②允许 apt 通过 HTTPS 使用存储库；③添加 Docker 官方 GPG 密钥；④下载 Docker；⑤安装 Docker CE 版；⑥获取 Docker 权限；⑦重启 Ubuntu	

步　　骤	说　　明
	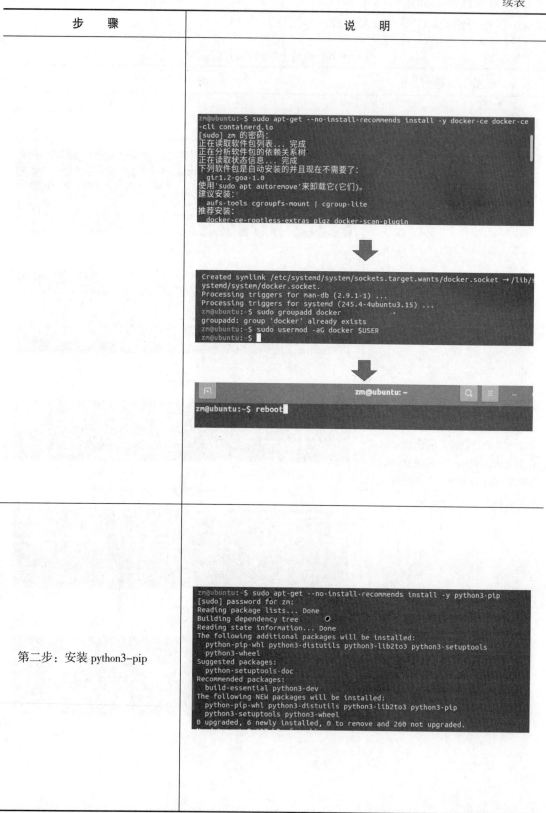
第二步：安装 python3-pip	

步　骤	说　明
| 第三步：安装 docker-compose | ```
Processing triggers for man-db (2.9.1-1) ...
zm@ubuntu:~$ sudo python3 -m pip install setuptools docker-compose
Requirement already satisfied: setuptools in /usr/lib/python3/dist-packages (45
.2.0)
Collecting docker-compose
  Downloading docker_compose-1.29.2-py2.py3-none-any.whl (114 kB)
     |                                        | 114 kB 483 kB/s
Collecting texttable<2,>=0.9.0
  Downloading texttable-1.6.4-py2.py3-none-any.whl (10 kB)
Collecting docker[ssh]>=5
  Downloading docker-6.0.0-py3-none-any.whl (147 kB)
     |                                        | 147 kB 848 kB/s
``` |
| 第四步：测试 Docker 安装。①重启 Docker；②查看 Docker 版本；③查看 docker-compose 版本；④运行 "hello-world" | ```
docker-init:
  Version: 0.19.0
  GitCommit: de40ad0
zm@ubuntu:~$ sudo usermod -aG docker zm
zm@ubuntu:~$ sudo service docker restart
```

↓

```
zm@ubuntu:~$ sudo docker version
Client: Docker Engine - Community
 Version:           20.10.17
 API version:       1.41
 Go version:        go1.17.11
 Git commit:        100c701
 Built:             Mon Jun  6 23:02:57 2022
 OS/Arch:           linux/amd64
 Context:           default
 Experimental:      true

Server: Docker Engine - Community
 Engine:
  Version:          20.10.17
  API version:      1.41 (minimum version 1.12)
  Go version:       go1.17.11
  Git commit:       a89b842
  Built:            Mon Jun  6 23:01:03 2022
  OS/Arch:          linux/amd64
  Experimental:     false
 containerd:
  Version:          1.6.7
  GitCommit:        0197261a30bf81f1ee8e6a4dd2dea0ef95d67ccb
 runc:
  Version:          1.1.3
  GitCommit:        v1.1.3-0-g6724737
 docker-init:
                    0.19.0
Show Applications   de40ad0
zm@ubuntu:~$ ▮
```

↓ |

续表

<table>
<tr><th>步　骤</th><th>说　明</th></tr>
<tr><td></td><td>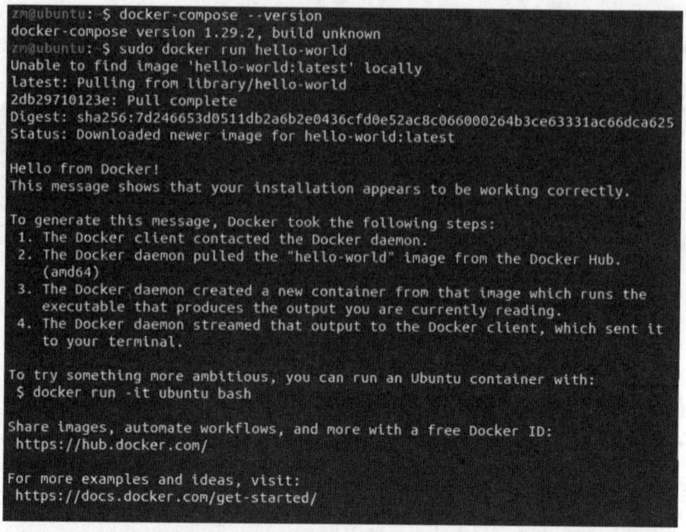
zm@ubuntu:~$ docker-compose --version
docker-compose version 1.29.2, build unknown
zm@ubuntu:~$ sudo docker run hello-world
Unable to find image 'hello-world:latest' locally
latest: Pulling from library/hello-world
2db29710123e: Pull complete
Digest: sha256:7d246653d0511db2a6b2e0436cfd0e52ac8c066000264b3ce63331ac66dca625
Status: Downloaded newer image for hello-world:latest

Hello from Docker!
This message shows that your installation appears to be working correctly.

To generate this message, Docker took the following steps:
 1. The Docker client contacted the Docker daemon.
 2. The Docker daemon pulled the "hello-world" image from the Docker Hub.
    (amd64)
 3. The Docker daemon created a new container from that image which runs the
    executable that produces the output you are currently reading.
 4. The Docker daemon streamed that output to the Docker client, which sent it
    to your terminal.

To try something more ambitious, you can run an Ubuntu container with:
 $ docker run -it ubuntu bash

Share images, automate workflows, and more with a free Docker ID:
 https://hub.docker.com/

For more examples and ideas, visit:
 https://docs.docker.com/get-started/</td></tr>
<tr><td>第五步：克隆 CVAT 软件</td><td>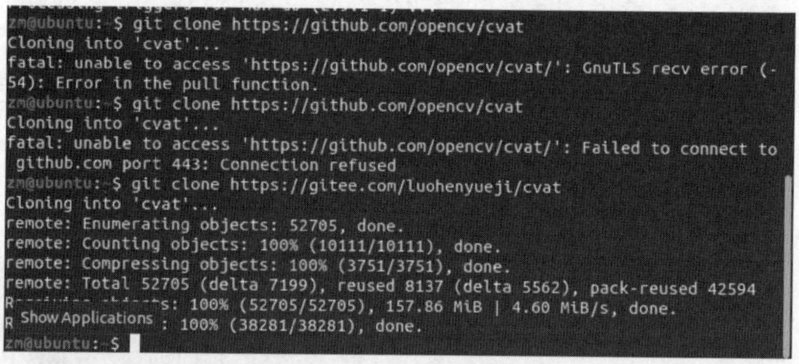
zm@ubuntu:~$ git clone https://github.com/opencv/cvat
Cloning into 'cvat'...
fatal: unable to access 'https://github.com/opencv/cvat/': GnuTLS recv error (-54): Error in the pull function.
zm@ubuntu:~$ git clone https://github.com/opencv/cvat
Cloning into 'cvat'...
fatal: unable to access 'https://github.com/opencv/cvat/': Failed to connect to github.com port 443: Connection refused
zm@ubuntu:~$ git clone https://gitee.com/luohenyueji/cvat
Cloning into 'cvat'...
remote: Enumerating objects: 52705, done.
remote: Counting objects: 100% (10111/10111), done.
remote: Compressing objects: 100% (3751/3751), done.
remote: Total 52705 (delta 7199), reused 8137 (delta 5562), pack-reused 42594
Receiving objects: 100% (52705/52705), 157.86 MiB | 4.60 MiB/s, done.
R Show Applications : 100% (38281/38281), done.
zm@ubuntu:~$</td></tr>
<tr><td>第六步（可选）：修改 cvat/dockerfile</td><td>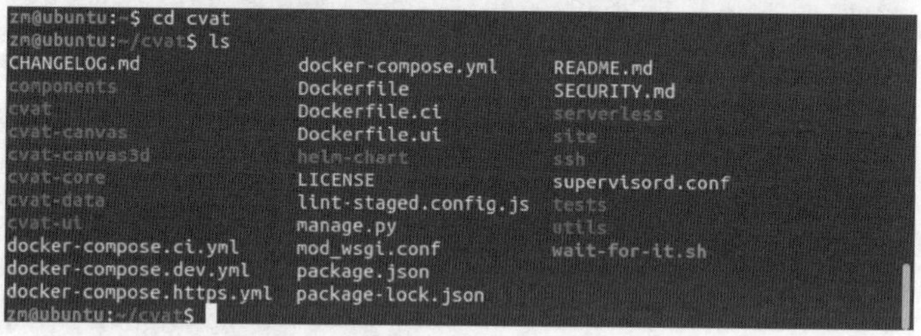
zm@ubuntu:~$ cd cvat
zm@ubuntu:~/cvat$ ls
CHANGELOG.md　docker-compose.yml　README.md
components　Dockerfile　SECURITY.md
cvat　Dockerfile.ci　serverless
cvat-canvas　Dockerfile.ui　site
cvat-canvas3d　helm-chart　ssh
cvat-core　LICENSE　supervisord.conf
cvat-data　lint-staged.config.js　tests
cvat-ui　manage.py　utils
docker-compose.ci.yml　mod_wsgi.conf　wait-for-it.sh
docker-compose.dev.yml　package.json
docker-compose.https.yml　package-lock.json
zm@ubuntu:~/cvat$

· 在dockerfile文件中找到install requirements项：
· #RUN DATUMARO_HEADLESS=1 python3 -m pip install --no-cache-dir -r /tmp/requirements/${DJANGO_CONFIGURATION}.txt
· RUN DATUMARO_HEADLESS=1 python3 -m pip install -r /tmp/requirements/${DJANGO_CONFIGURATION}.txt -i https://mirrors.aliyun.com/pypi/simple/</td></tr>
</table>

步　骤	说　明
第七步：运行 CVAT。①构建 Docker；②运行 Docker；③打开 CVAT；④关闭 CVAT  小贴士 1. 在建立 superuser 时，要注意 CVAT 容器的名称是"cvat"还是"cvat_server"。 2. CVAT 软件最好在 Chrome 浏览器中打开。	zm@ubuntu:~/cvat$ sudo docker-compose build [sudo] zm 的密码： WARNING: The no_proxy variable is not set. Defaulting to a blank string. cvat_db uses an image, skipping cvat_redis uses an image, skipping traefik uses an image, skipping cvat_opa uses an image, skipping cvat uses an image, skipping cvat_ui uses an image, skipping zm@ubuntu:~/cvat$ ⬇ cvat_ui uses an image, skipping zm@ubuntu:~/cvat$ docker-compose up -d WARNING: The no_proxy variable is not set. Defaulting to a blank string. cvat_redis is up-to-date cvat_db is up-to-date traefik is up-to-date cvat_opa is up-to-date cvat is up-to-date cvat_ui is up-to-date zm@ubuntu:~/cvat$ ⬇ cvat_ui is up-to-date zm@ubuntu:~/cvat$ docker exec -it cvat bash -ic 'python3 ~/manage.py createsuperuser' Error: No such container: cvat zm@ubuntu:~/cvat$ docker exec -it cvat_server bash -ic 'python3 ~/manage.py createsuperuser' > > > > ' Username (leave blank to use 'django'): Email address:　　　　3.com Password: Password (again): This password is too short. It must contain at least 8 characters. This password is entirely numeric. Bypass password validation and create user anyway? [y/N]: y Superuser created successfully. zm@ubuntu:~/cvat$ ⬇  ⬇

续表

步　骤	说　明
	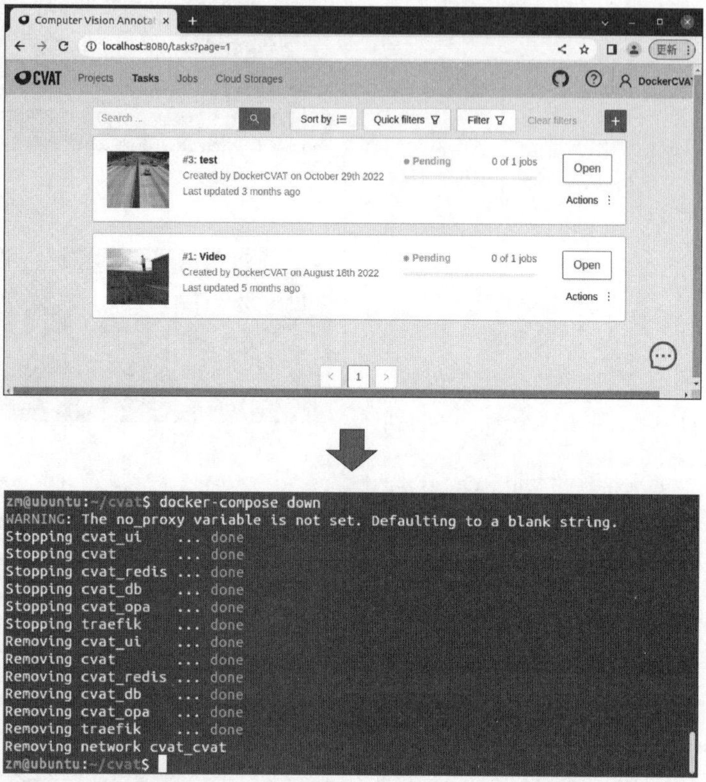

（2）功能。CVAT 有强大的标注功能，可以支持图像分类、目标检测、语义分割、实例分割、点云、3D 和视频等多种标注任务，其标注方式也很多样，如矩形、多边形、多段线、长方体和点等，除此之外，标注时还支持"Shape"和"Track"两种模式。CVAT 的操作界面分五个区域，如图 2-25 所示。

1）顶部菜单。其包括"Projects""Tasks""Jobs""Cloud Storages"四个主菜单。

2）顶部工具栏。其包括"Menu""Save""Undo""Redo""Fullscreen"等，以及图片导航（选择图片）、标注结果统计、模式切换。

3）左侧工具栏。其包括光标按钮、图像移动按钮、图像旋转按钮、图像适应屏幕按钮、局部放大按钮，以及所有标注形状按钮。

4）中部操作区。图像所在区域。

5）右侧标签栏。其包括"Objects""Labels"和"Issues"3 个选项卡，以及"Appearance"设置区。

图 2-25　CVAT 操作界面

二、任务实施

数据标注员小张在了解了上述背景知识后，准备使用 CVAT 软件对一段视频进行标注，具体操作过程见表 2-14。

表 2-14　　　　　　　　　　利用 CVAT 软件进行视频标注

步　　骤	说　　明
第一步：创建 task。①单击右上角"+"按钮→单击"Create a new task"；②在弹出的页面中填写"Name""Project"；③填写标签名→选择颜色→单击"Done"或"Continue"；④重复③添加完所有标签；⑤选择需要标注的文件；⑥单击"Submit"按钮	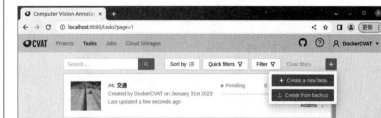

步　骤	说　明
 小贴士 　　1. 如果对同一类标签有细分属性，可以单击"Add an attribute"按钮添加。 　　2. 可单击"Advanced configuration"设置其他配置，如图像质量、起始帧、终止帧、任务分割、标注格式等。	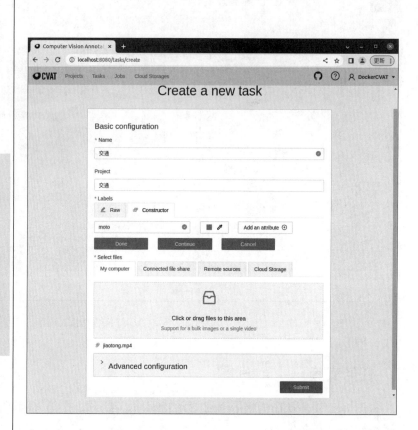
第二步：打开任务。①单击"Open"按钮；②单击"Jobs"下的一个job	

步　　骤	说　　明
	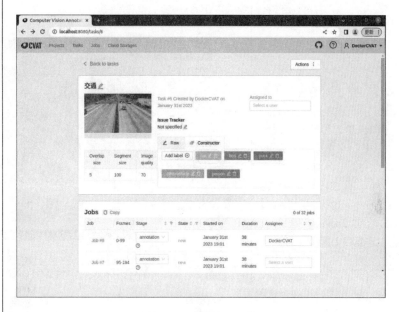 

步　骤	说　明
第三步：帧标注。①单击左侧工具栏中的矩形框（或多边形框及其他形状）；②在"Label"下拉列表中选择标签，单击"Shape"按钮；③在图像上的对象边缘画框，通过按 N 键或 shift+N 键封闭；④重复以上操作，标注完所有对象后，单击操作界面顶部下一帧按钮进行新的标注	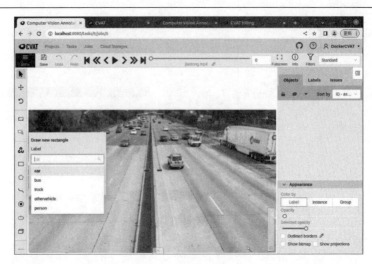  

 小贴士

1. 可通过鼠标滚轮放大或缩小图像。

2. 可单击左侧工具栏中的" "，再选择图像的局部区域进行放大。

3. 单击左侧工具栏中的" "，可将图像调整为适合屏幕大小。

步　骤	说　明
第四步：导出结果。①单击"Menu"菜单→"Export task dataset"；②选择标注格式，如"YOLO1.1"，单击"OK"按钮  小贴士 默认以 zip 文件保存在系统的"Downloads"文件夹下。	 
第五步：查看结果。单击"Download"，再双击对应的".zip"标注文件，即可查看相应的标注信息	

三、单元总结

1. 讨论

（1）在利用 CVAT 进行视频标注时，如何将一个任务分配给多个人标注？

（2）如何利用 CVAT 进行连续帧自动标注？

2. 小结

CVAT 是一款强大的数据标注工具，它既支持图像分类、目标检测、语义分割、实例分割、点云、3D 和视频等多种标注任务，其标注方式也很丰富，如矩形、多边形、多段线、长方体和点等。除此之外，CVAT 还可以利用现有人工智能模型，如 YOLOv3、YOLOv5 和 RetinaNet R101，实现视频数据的连续帧自动标注，大大降低了数据标注员的劳动强度。不仅如此，CVAT 也可实现团队标注模式，这样既能加快标注进度，也能通过标注审核，提高标注质量。因此，希望数据标注员们多花些时间去熟练掌握它。

四、单元练习

利用 CVAT 软件，对配套资料 data 目录中"2-1-6"文件夹下的视频数据进行标注。

课　　程 2-2

标注后数据分类与统计

学习单元 1　使用 Excel 进行分类统计

任务描述

　　Excel 是微软公司的一款电子表格软件，它不仅能很方便地制作各种电子表格，使用公式和函数对数据进行复杂运算，而且能用各种图表直观明了地显示数据。除此之外，它还具备强大的数据分析功能，如检索、分类、排序和筛选等。本学习单元将介绍如何使用 Excel 的透视表和透视图对数据进行分类统计。

学习目标

　　1. 能利用数据透视表进行分类汇总。
　　2. 掌握数据透视图的绘制。

一、背景知识

　　在实际工作中，我们经常要对包含了成千上万条记录的数据集进行处理，如对标注后的文本数据集或图像数据集进行分类统计等。为此，作为一款广受欢迎的电子表格处理软件，Excel 提供了一个快速处理工具——数据透视表。以下结合一个具体案例介绍 Excel 数据透视表的使用方法。

1. 分类汇总

　　分类汇总是指先按照某一标准对资料或数据进行分类，然后对分类数据进行诸如求和、求平均值、求最大最小值等汇总处理。通过分类汇总，我们可以更好地理解数据，更容易发现数据之间的关系，从而能更好地分析数据，提取有用的信息，并做出正确的决策。具体来说，在 Excel 中，可依据列表中的某一类字段或某几个字段进行的汇总。在创建分类汇总前，必须根据分类字段对数据列表进行排序，让同类字段集中显示在一起。在汇总时，可以根据需要选择汇总方式（如求和、计数、平均值等）。对数据进行汇总后，系统会将该类字段组合为一组，同时在屏幕左边自动显示一些分级显示符号（"＋"或"－"），单击这些符号可以显示或隐藏对应层上的明细数据，如图 2-26 所示。在已经建立好的分类汇总表的基础上，还可以继续增加其他字段的分类汇总，形成"嵌套"。要实现"嵌套"分类汇总，只要在新创建分类汇总时，勾选其他需要汇总的选项，同时特别注意要取消"分类汇总"对话框中的"替换当前分类汇总"选项。如果要删除已建立的分类汇总，单击"分类汇总"对话框中的"全部删除"按钮即可。

	日期	所属组别	员工姓名	服务人数	服务时长
1					
5		1 平均值			2:34:34
7		2 平均值			3:43:12
10		3 平均值			2:58:34
11	8月1日 汇总			847	
16		1 平均值			2:26:31
18		2 平均值			3:12:58
21		3 平均值			3:25:55
22	8月2日 汇总			1032	
25		1 平均值			3:16:34
28		2 平均值			2:58:34
31		3 平均值			3:12:14
32	8月3日 汇总			919	
34		1 平均值			3:20:10
38		2 平均值			3:08:10
40		3 平均值			2:15:22
41	8月4日 汇总			824	
42		总计平均值			2:57:54
43	总计			3622	
44					

图 2-26　分类汇总示例

2. 数据透视表

利用上述方法对小规模的数据表进行分类汇总是很方便的，但对于规模较大的数据集，就会遭遇处理速度慢的问题。在 Excel 中，数据透视表能很好地解决这个问题，提高工作效率。

数据透视表（pivot table）是一种交互式表格分析工具，可以对表中数据进行排序、分组、汇总等操作，还可以生成透视图，帮助用户快速查看和理解数据。数据透视表可以动态地改变其版面布置，以便按照不同方式分析数据，也可以重新安排行号、列标和页字段。每一次改变版面布置时，数据透视表都会立即按照新的布置重新计算数据，如图 2-27 所示。另外，如果原始数据发生改变，数据透视表也会做相应的更新。

	A	B	C
1	月份	类别	金额
2	一月	交通	$74.00
3	一月	日用杂货	$235.00
4	一月	日常开销	$175.00
5	一月	娱乐	$100.00
6	二月	交通	$115.00
7	二月	日用杂货	$240.00
8	二月	日常开销	$225.00
9	二月	娱乐	$125.00
10	三月	交通	$90.00
11	三月	日用杂货	$260.00
12	三月	日常开销	$200.00
13	三月	娱乐	$120.00

a)

销售额合计 ▼	行标签
⊟ 配件	68400
头盔	17000
灯	21600
锁	29800
⊞ 自行车	6300
⊞ 服装	66000
⊟ 组件	32100
中轴	1600
刹车	8200
链条	20000
车把	2300
总计	172800

b)

图 2-27　数据透视表示例

a）原始数据　b）数据透视表

3. 数据透视图

Excel 的数据透视图是一个十分便利的动态图表工具，它通过对数据透视表中的汇总数据添加可视化效果来对其进行补充，以便用户更快地查看理解数据的变化趋势。用户可以根据数据透视表直接创建数据透视图，这样生成的透视表和透视图共用一个数据缓存，能够自动实现联动更新。图 2-28 即为图 2-27 数据透视表的数据透视图。

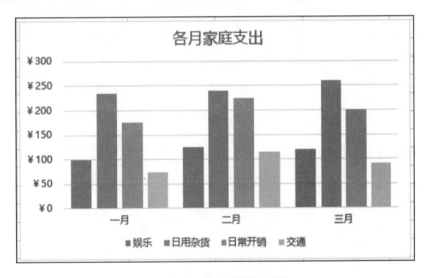

图 2-28　数据透视图示例

二、任务实施

本任务要求对其公司 2023 年各处室办公计算机的分布、购置价格及资产状态进行分类统计，数据存放在"公司办公电脑统计.xlsx"文件中。数据标注员小张在熟悉本学习单元的相关知识后，准备使用数据透视表处理工具完成此分类统计任务，具体步骤见表 2-15。

表 2-15　　　　　　　　　　　　　数据分类统计

步　骤	说　明
第一步：打开文件。选中"公司办公电脑统计.xlsx"文件，单击"打开"按钮	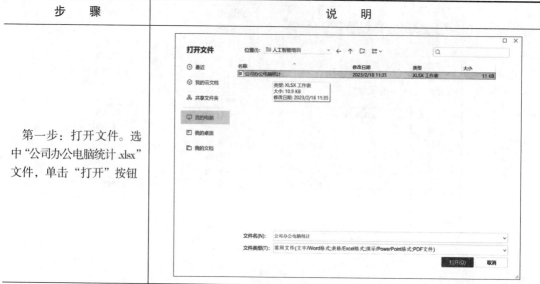
第二步：创建数据透视表。①单击数据源中的任意单元格，选择"数据"菜单→"数据透视表"，弹出"创建数据透视表"对话框，并单击"选现有工作表"选项；②勾选"处室""固定资产名称""购置价格（元）"复选框；③在数据透视表区域单击"固定资产名称"选项按钮，在弹出列表中选"值字段设置"，将自定义名称改为"数量"，并选择计数汇总；④重复③，设置"购置价格（元）"选项，选择求和汇总，按确定查看结果；⑤重复操作，统计出"资产状态"表	 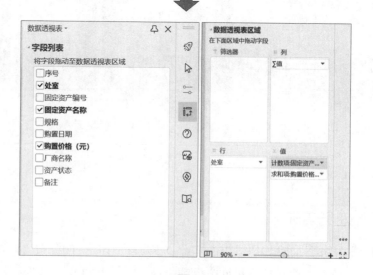

续表

步　骤	说　明
	 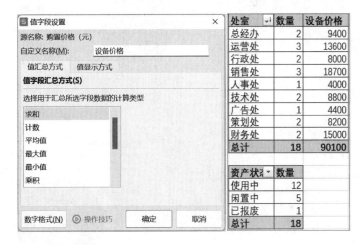

步　骤	说　明
第三步：创建透视图。①选中资产状态数据透视表→单击"插入"菜单→"数据透视图"→"饼图"→选择合适的饼图；②单击透视图右侧"图表元素"按钮→勾选"数据标签"→单击数据标签右侧三角形标签→单击"更多选项"；③取消"值"的选择→勾选"百分比"→设置值字体为"白色""黑体""加粗"→修改图表标题为"固定资产状态占比"→设置字体为"黑体""加粗""16"号字体大小；④单击透视图右侧"设置图表区域格式"按钮→在右侧图表选项中找到线条设置区域，设置线条颜色为"矢车菊蓝，着色1"→宽度"3.25磅"→勾选"圆角"选框→适当调整图表大小；⑤重复以上操作，绘制"各处室固定资产的购置价格"和"各处室固定资产数量"数据透视图	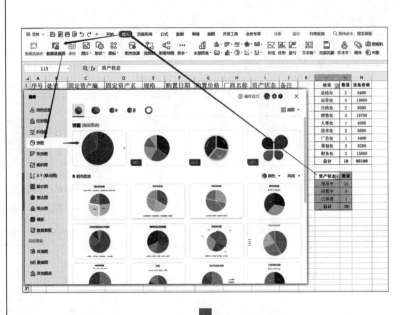 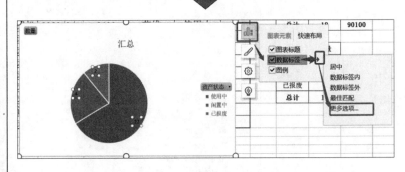 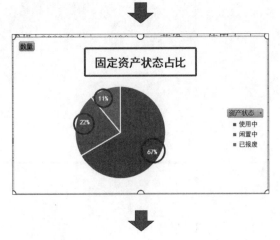

续表

步　骤	说　明
	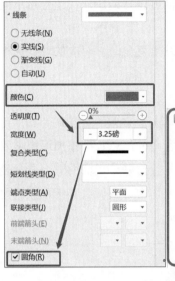 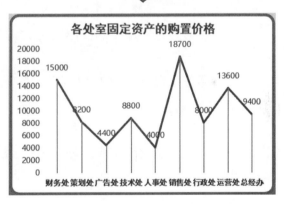 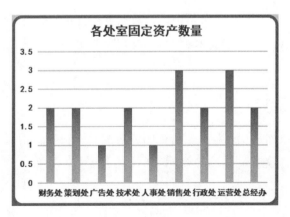

三、单元总结

1. 讨论

（1）在进行数据分析时，切片器可以帮助用户快速查看不同对象的相关数据。数据透视表可以使用切片器吗？

（2）在统计过程中，当原数据发生变化时，对应的数据透视表和数据透视图没有发生变化，该怎么办？

2. 小结

数据透视表是一个可以快速汇总大量数据的交互式工具，可用于从不同角度深入分析数据；数据透视图则通过对数据透视表中的汇总数据添加可视化效果来对其进行补充，以便用户直观地查看、分析、比较数据及其变化趋势。借助数据透视表和数据透视图，用户可对企业中的关键数据做出分析。在实际工作中，我们要善于根据需要，灵活运用这两个工具，提高对数据的认知能力。

四、知识拓展

以下对几种常用的图表进行简单介绍。

1. 柱形图

柱形图用于显示一段时间内数据的变化或显示项之间的比较情况。

2. 饼图

饼图用于显示一个数据系列中各项的大小及其与各项总和的比例，适用于显示一个整体内各部分所占的比例。

3. 折线图

折线图用于显示随时间而变化的连续数据。在折线图中，类别数据沿水平轴均匀分布，数值数据沿垂直轴均匀分布。

4. 散点图

散点图常用于回归分析中，是数据点在直角坐标系平面上的分布图。用两组数据可构成多个坐标点，考察坐标点的分布，可判断两变量之间是否存在某种关联或总结坐标点的分布模式。

五、单元练习

利用数据透视表和数据透视图，对配套资料 data 目录中 "2-2-1" 下的数据表进行分类汇总分析，效果如图 2-29 所示。

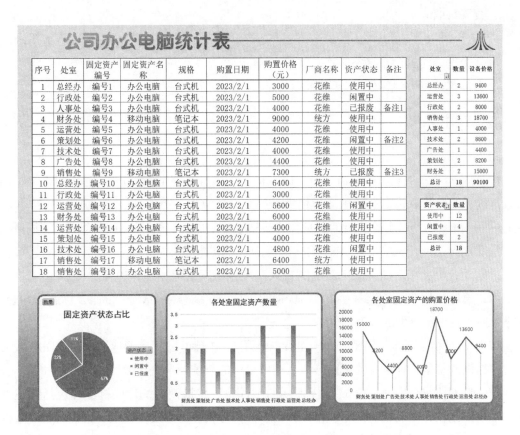

图 2-29 单元练习效果图

学习单元 2 使用 SPSS 进行频数统计分析

　　SPSS 是一款适合非专业统计人员使用的数据统计与分析软件，它采用类似 Excel 表格的方式输入与管理数据，操作界面友好。其基本功能包括数据管理、统计分析、图表分析，以及输出管理等，可以帮助用户进行数据收集、管理、分析和报告，从而更好地理解数据，并从中提取有价值的信息。本学习单元将介绍如何使用 SPSS 对数据进行频数统计分析。

学习目标

1. 理解掌握频数分析中各统计指标的含义。

2. 熟练使用 SPSS 进行频数统计分析。

一、背景知识

1. SPSS 的概念

社会科学统计软件包（statistical package for the social sciences，SPSS）是世界上最早的一款数据统计与分析软件，由美国斯坦福大学的三名研究生于 1968 年开发而成。1984 年，世界上第一个统计分析软件个人计算机版本 SPSS/PC+ 的推出，确立了 SPSS 个人计算机系列产品的开发方向，极大地扩充了 SPSS 的应用范围，使其能很快地应用于自然科学、技术科学、社会科学的各个领域。随着服务领域的扩大和服务深度的增加，2000 年，SPSS 正式将其全称改为"统计产品与服务解决方案"（statistical product and service solutions），标志着 SPSS 的战略方向正在做出重大的调整。

SPSS 分析结果清晰、直观，软件也易学易用，并且可以直接读取 Excel 及 DBF 数据文件。它提供的基本统计量大致可以分为 3 类：集中趋势统计量、离散程度统计量和总体分布统计量，针对不同的目的，需要选择不同的统计量。它提供的统计分析过程包括描述性统计、平均值比较、一般线性模型、相关分析、回归分析、对数线性模型、聚类分析、数据简化、生存分析、时间序列分析、多重响应等几大类，这些分析过程以选项形式列在"分析"菜单中，如图 2-30 所示。每类中又分多个统计过程，如回归分析中又分线性回归分析、曲线估计、Logistic 回归、Probit 回归、加权估计、两阶段最小二乘法、非线性回归等多个统计过程，而且每个过程中又允许用户选择不同的方法及参数。SPSS 也有专门的绘图系统，可以根据数据绘制各种图形。本学习单元将重点介绍频数分析。

2. 频数分析

频数分析主要是对数据进行四分位数、百分位数、中位数、均值、标准差、方差、峰度、偏度等统计量进行分析，通过频数分布表、分布图来描述多种类型变量的统计和图形显示，对变量的分布有初步的认识。

（1）分位数（quantile）。分位数也称分位点，是指将一个随机变量的概率分布范围分为几个等份的数值点，常用的有中位数（二分位数）、四分位数、百分位数等，见表 2-16。

（2）集中趋势（central tendency）。集中趋势又称中央趋势，在口语上也经常被称为平均，在统计学中表示一个概率分布的中间值。最常见的几种集中趋势包括算术平均数、中位数及众数，见表 2-17。

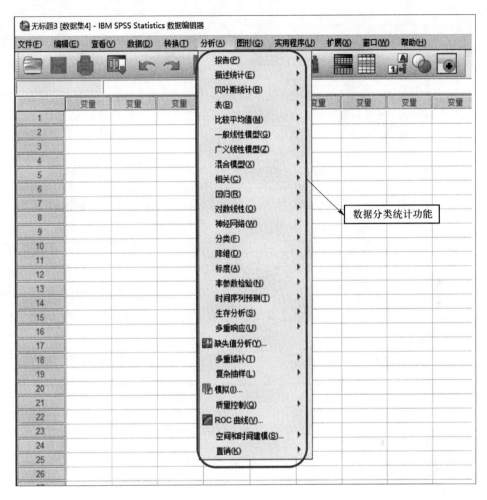

图 2-30　SPSS 的分析功能模块

表 2-16　　　　　　　　　　　　　　　　　　分位数

项　目	描　述
二分位数	对于有限的数集，可以通过把所有观察值高低排序后找出正中间的一个作为中位数。如果观察值有偶数个，则中位数不唯一，通常取最中间的两个数值的平均数作为中位数，即二分位数
四分位数	把所有数值由小到大排列并分成四等份，处于三个分割点位置的数值就是四分位数，它又可分为第一四分位数、第二四分位数和第三四分位数
百分位数	如果将一组数据从小到大排序，并计算相应的累计百分位，则某一百分位所对应数据的值就称为这一百分位的百分位数

表 2-17　　　　　　　　　　　　　　集中趋势

项　目	描　　述
算术平均数	观察值的总和除以观察值个数的商，是集中趋势测定中最重要的一种，它是所有平均数中应用最广泛的平均数。算术平均数分为简单算术平均数和加权算术平均数
中位数	又称中点数或中值，是按顺序排列的一组数据中居于中间位置的数，即在这组数据中，有一半的数据比它大，有一半的数据比它小。对于有限的数集，可以通过把所有观察值高低排序后找出正中间的一个作为中位数。如果观察值有偶数个，通常取最中间的两个数值的平均数作为中位数。中位数是集中趋势的测量，但对于远离中心的值不敏感，与平均值不同，平均值容易受到少数非常大或非常小的值的影响
众数	是指在统计分布上具有明显集中趋势点的数值，代表数据的一般水平，也是一组数据中出现次数最多的数值。有时众数在一组数据中有好几个

（3）离散趋势（dispersion tendency）。离散趋势在统计学上描述观测值偏离中心位置的趋势，反映了所有观测值偏离中心的分布情况。离散趋势的常用指标有极差、四分位数间距、方差、标准差、均方误差、标准误差和变异系数等，其中方差和标准差最常用，见表 2-18。

表 2-18　　　　　　　　　　　　　　离散趋势

项　目	描　　述
极差	又称全距，是指一组数据的观测值中的最大值和最小值之差
四分位数间距	是指第三四分位数与第一四分位数的差距
方差	是对围绕平均值的离差的测量，值等于一组观测值与其平均值的差的平方和除以观测值的个数
标准差	是对围绕平均值的离差的测量，将方差开平方即可得到标准差
均方误差	是观测值与真实值偏差的平方和的平均数
标准误差	又称均方根误差，是均方误差的平方根
变异系数	是指标准差与均值的比值

二、任务实施

　　为了更快地熟悉标注岗位的业务，熟练掌握相关数据集的分类统计工作，数据标注员小张除了学习 Excel 软件外，还希望能用更为专业的 SPSS 软件开展工作，快速提炼出数据集中特定特征的分布情况和集中、离散趋势。在本学习单元，他以某校学生的"程序设计"课程成绩为例，尝试用 SPSS 进行了频数统计分析，具体步骤见表 2-19。

| 表 2-19 | SPSS 频数统计分析 |

步　骤	说　明
第一步：新建数据文件。单击"新建"菜单→"数据"，创建名为"成绩统计 .sav"的数据文件→录入相应数据	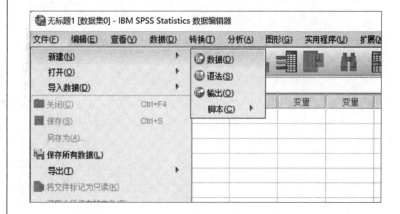
第二步：选择特征。选择"分析"菜单→"描述统计"→"频率"，在弹出的"频率"对话框中，将左侧列表中的"程序设计"特征选入右侧的"变量"列表中	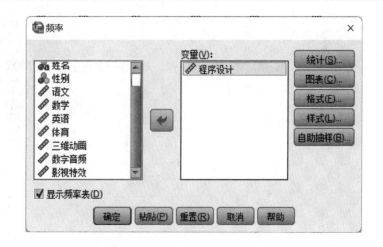
第三步：选择统计指标。单击第二步中的"统计"按钮，在弹出的"频率：统计"对话框中，勾选需要统计的指标，如"四分位数""分割点"等后，单击"继续"按钮返回主对话框	

步　骤	说　明
第四步：选择图表类型。单击第二步中的"图表"按钮，在弹出的"频率：图表"对话框中，勾选"直方图"选项及"在直方图中显示正态曲线"复选框，单击"继续"按钮返回主对话框	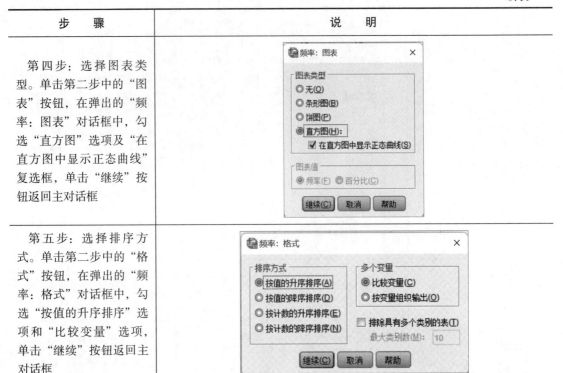
第五步：选择排序方式。单击第二步中的"格式"按钮，在弹出的"频率：格式"对话框中，勾选"按值的升序排序"选项和"比较变量"选项，单击"继续"按钮返回主对话框	

第六步：查看统计结果。完成所有设置后，单击"确定"按钮执行命令

统计			
程序设计			
个案数	有效		29
	缺失		0
平均值			89.48
平均值标准误差			1.115
中位数			90.29
标准偏差			6.004
方差			36.044
范围			21
最小值			76
最大值			97
总和			2 595
百分位数		10	80.20
		20	84.65
		25	85.60
		30	86.76
		40	88.48
		50	90.29
		60	91.32
		70	93.40
		75	94.17
		80	95.13
		90	—

续表

步 骤	说 明

程序设计				
		频率	百分比	有效百分比	累积百分比
有效	76	1	3.4	3.4	3.4
	78	1	3.4	3.4	6.9
	79	1	3.4	3.4	10.3
	82	1	3.4	3.4	13.8
	84	1	3.4	3.4	17.2
	85	3	10.3	10.3	27.6
	87	2	6.9	6.9	34.5
	88	2	6.9	6.9	41.4
	90	3	10.3	10.3	51.7
	91	4	13.8	13.8	65.5
	93	1	3.4	3.4	69.0
	94	3	10.3	10.3	79.3
	97	6	20.7	20.7	100.0
	总计	29	100.0	100.0	

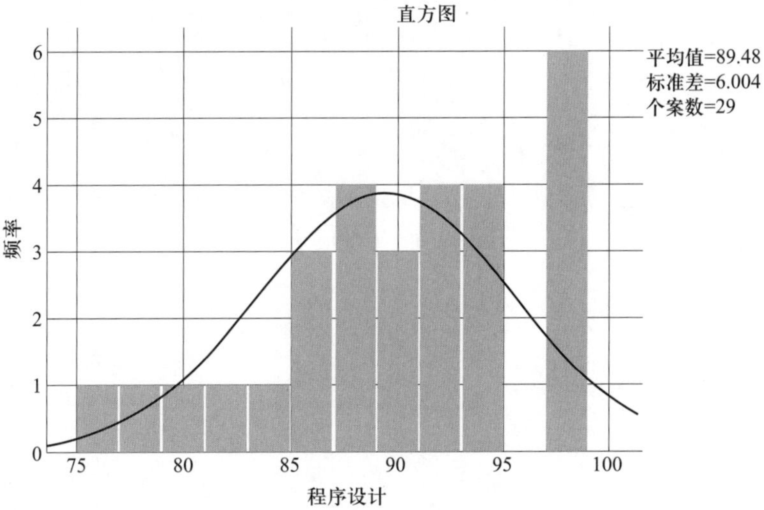

直方图

平均值=89.48
标准差=6.004
个案数=29

三、单元总结

1. 讨论

（1）在统计指标中，众数和中位数的不同点是什么？

（2）在统计指标中，标准差与标准误差有什么不同？

2. 小结

SPSS 是一款易用，且功能强大的统计分析软件，可以帮助我们快速获取数据集中各特

征的多种统计指标，观察探索数据的分布情况以及离散集中趋势。在工作中，我们在使用SPSS 获取统计结果的同时，还要注重联系具体的标注业务，对统计结果进行分析挖掘，找出存在的问题，提高标注质量。

四、单元练习

利用 SPSS，对配套资料 data 目录中文件夹"2-2-2"下的数据集，进行频数分析。

智能系统运维

課　程 **3-1**

智能系统基础操作

学习单元1　智能系统运维基础

任务描述

　　智能系统运维是指在系统交付使用之后，直到软件的整个生命周期结束，为了满足新需求而进行的更新改造活动。软件系统的维护活动是基于"软件是可维护的"这一基本前提。本学习单元将介绍系统运维的基础知识。

学习目标

　　1. 智能系统运维的基本概念及包含的内容。
　　2. 掌握 Windows 常用运维命令。

一、背景知识

1. 系统运行维护

　　智能系统的运行维护工作可以归结为以下几项。

　　（1）维护系统的正常运行。其包括各种数据的收集和整理，数据的输入、数据的处理及处理结果的分发等。

　　（2）记录系统的运行情况。在系统运行的同时，需要进行系统运行情况的记录。这是未来进行系统维护修改和系统分析评价的基础。系统的运行记录应该做到及时、准确、连续和完整。

　　（3）维护系统的软、硬件。在系统的运行中，需要不断地进行系统的修改和维护，包括系统硬件维护、系统软件维护和应用软件维护。

2. 软件系统的维护

软件系统的维护包含正确性维护、适应性维护、完善性维护和预防性维护4部分内容。

（1）正确性维护。正确性维护可以改正在系统开发阶段已经发生而在系统测试过程中尚未发现的错误。通过系统测试，应用软件的错误应该已经基本排除，但是并不能保证排除了全部的错误，也不能保证不出现新的错误。因此，在系统运行之后，仍然需要进行系统的正确性维护。该阶段可能出现的错误主要有：系统测试阶段尚未发现的错误、输入检测不完善或键盘屏蔽不全面引起的输入错误、以前未遇到过的数据输入组合或数据量增大引起的错误。对于影响系统运行的严重错误，必须及时进行修改，而且要进行复查。

（2）适应性维护。适应性维护是为了适应用户因外部环境、内部条件的变化，对系统提出的新的要求而进行的修改。随着系统的运行，一般需要进行网络系统、计算机硬件或操作系统的更新。为了适应这些变化或其他环境变化，应用软件也需要进行适应性维护。在适应性维护工作量很大的情况下，需要制订维护工作计划，并对维护后的软件进行测试，确保适应性维护后，软件系统的正常应用。

（3）完善性维护。完善性维护是为进一步扩充系统功能和改善性能进行的修改。完善性维护是指为了改善系统的性能或者扩充应用系统的功能而进行的维护，这些系统的性能或功能要求一般是在先前的功能需求中没有提出的。

（4）预防性维护。这种维护可预先提高软件的可维护性、可靠性等，为以后改进智能系统打下良好的基础。

智能系统的运维工作除日常系统运维内容外，还包括掌握相关业务的运行情况，及时分析业务算法运动日志，收集相关数据与必需的样本，及时反馈运维情况，便于产品的稳定性提升与算法的性能提升。

3. Windows 运行命令方式

在 Windows 10 系统中运行命令的方式是用快捷键 Win+R 打开"运行"操作界面（见图 3-1），运行所输入的命令。

Win 键是键盘上显示 Windows 标志的按键，位于 Ctrl 键与 Alt 键之间，在计算机应用中，Win 键总是配合其他键使用，可快速打开某些程序。

DOS 命令一般在是在 Windows 系统下运行的。在"运行"操作界面运行 cmd 命令进入 DOS 命令界面。

4. Windows 运维常用命令

掌握一些常用运维命令，工作上会事半功倍，提高工作效率，Windows 10 常用命令见表 3-1。

图 3-1　Win+R "运行"操作界面

表 3-1   常用运维命令

Win+R 运行命令	功　　能
control	打开控制面板
services.msc	打开服务
msconfig	打开系统配置
lusrmgr.msc	打开本地用户和组
recent	查看计算机最近的浏览记录
shutdown –s –t 100	100 s 后自动关机
shutdown –r –t 100	100 s 后自动重启

二、任务实施

在熟悉了一些常用的运维命令后，数据标注员小张就可以开始进行系统维护方面的任务了。小张所维护的智能系统使用了 MySQL 数据库系统，在智能系统的软件部署后，需要检查一下 MySQL 服务是否正常运行。运维操作的步骤见表 3-2。

表 3-2   MySQL 服务检查

步　　骤	说　　明
第一步：用快捷键 Win+R 打开"运行"操作界面，运行 services.msc 命令	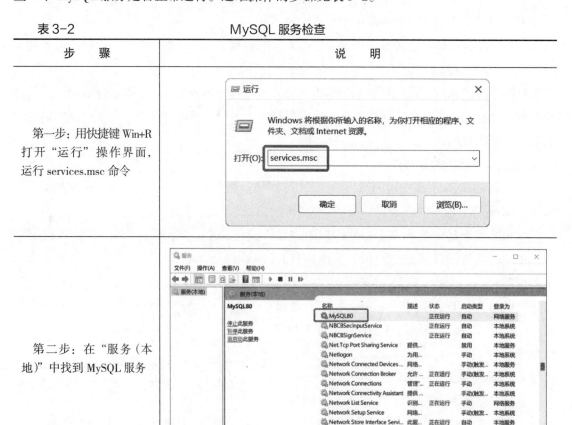
第二步：在"服务（本地）"中找到 MySQL 服务	

步　骤	说　明
第三步：双击 MySQL 服务后，检测服务状态是否正在运行	
第四步：如果服务没有启动，单击"启动"	

三、单元总结

1. 讨论

（1）软件系统维护通常有几部分内容？

（2）Windows 10 系统里运行常用命令的方式是怎样的？

2. 小结

为了保证系统及应用稳定、高效地运行，运维工作显得极为重要。本学习单元介绍了系统运维的基本内容，介绍了 Windows 10 下的常用运维命令。掌握这些基本知识，可为以后的运维工作做好准备。

四、单元练习

对照表 3–1 熟悉相关命令，并使用 services.msc 完成 MySQL 服务的停止与重启。

学习单元 2　常见智能系统介绍

数据标注员在实际工作岗位中会接触许多不同的标注任务，这些标注样本的背后是一个又一个具体的人工智能算法的应用。了解常用的人工智能核心技术及应用场景有助于数据标注员对标注工作有更深刻的理解。本学习单元主要介绍常见的人工智能技术及应用场景。

1. 了解人工智能核心技术的种类。
2. 熟悉人工智能技术常见的应用场景。

一、背景知识

人工智能的核心技术有：计算机视觉、机器学习、自然语言处理、智能机器人和语音识别。下面分别简单介绍这几种技术。

1. 基于计算机视觉的智能系统

计算机视觉是指计算机从图像中识别出物体、场景和活动的能力。计算机视觉有着广泛的细分应用：医疗成像分析被用来提高疾病预测、诊断和治疗的效率；人脸识别被支付宝或者网上一些自助服务用来自动识别照片里的人物（见图 3–2）；人脸识别在安防及监控领域也有广泛的应用，如被用来指认嫌疑人；在购物方面，消费者现在可以用智能手机拍摄下产品以获得更多购买选择。

计算机视觉技术运用由图像处理操作及其他技术所组成的序列，来将图像分析任务分解为便于管理的小块任务。例如，一些技术能够从图像中检测到物体的边缘及纹理，分类技术可被用作确定识别的特征是否能够代表系统已知的一类物体。

图 3-2　计算机视觉的典型
　　　　应用（人脸识别）

2. 基于机器学习的智能系统

机器学习指的是智能系统无须遵照显式的程序指令，而只依靠数据来提升自身性能的能力。其核心在于，机器学习是从数据中自动发现模式，模式一旦被发现便可用于预测。例如，给予机器学习系统一个关于交易时间、商家、地点、价格及交易是否正当等信用卡交易信息的数据库，系统就会学习到可用来预测信用卡欺诈的模式。处理的交易数据越多，预测就会越准确。

机器学习的应用范围非常广泛，针对那些产生庞大数据的活动，它几乎拥有改进一切性能的潜力。除了欺诈甄别之外，智能系统还可用于销售预测、库存管理、石油和天然气勘探，以及公共卫生管理等。机器学习技术在其他的认知技术领域也扮演着重要角色，如计算机视觉，它能在海量图像中通过不断训练和改进视觉模型来提高其识别对象的能力。

3. 基于自然语言处理（NLP）的智能系统

自然语言处理是指计算机拥有的人类般的文本处理的能力。例如，智能系统能从文本中提取意义，甚至从那些可读的、风格自然、语法正确的文本中自主解读出含义。一个自然语言处理系统并不了解人类处理文本的方式，但是它却可以用非常复杂与成熟的手段巧妙地处理文本。例如：自动识别一份文档中所有被提及的人与地点；识别文档的核心议题；在一堆仅人类可读的合同中，将各种条款与条件提取出来并制作成表。以上这些任务通过传统的文本处理软件根本不可能完成，而基于自然语言处理的智能系统仅针对简单的文本匹配与模式就能进行操作。

自然语言处理像计算机视觉技术一样，将各种有助于实现目标的技术进行了融合。建立语言模型来预测语言表达的概率分布，即某一串给定字符或单词表达某一特定语义的最大可能性。选定的特征可以与文中的某些元素结合来识别一段文字，通过识别这些元素可以把某类文字同其他文字区别开来，如垃圾邮件与正常邮件，以机器学习为驱动的分类方法将成为筛选的标准，用来决定一封邮件是否属于垃圾邮件。

由于语境对于理解同音不同义的词非常重要，所以自然语言处理技术的实际应用领域相对较窄，这些领域包括分析顾客对某项特定产品和服务的反馈，自动发现民事诉讼中的某些含义，自动书写如企业营收和体育运动的公式化范文等。

4. 基于智能机器人的智能系统

智能机器人在生活中随处可见，如扫地机器人（见图 3-3）、陪伴机器人等，这些机器人不管是与人语音聊天，还是自主定位导航行走、安防监控等，都离不开人工智能技术的支持。

5. 基于语音识别的智能系统

语音识别技术即俗称的将语音转化为文字，并对其进行识别认知和处理。语音识别的主要应用包括医疗听写、语音书写、计算机系统声控、电话客服等。

语音识别是关注自动且准确地转录人类语音的技术。该技

图 3-3 扫地机器人

术必须面对一些与自然语言处理类似的问题，在不同口音的处理、背景噪声、区分同音异形或同音异义词方面存在一些困难，同时还需要具有跟上正常语速的工作速度。语音识别系统使用一些与自然语言处理系统相同的技术，再辅以其他技术，如描述声音和其出现在特定序列与语言中概率的声学模型等。

二、单元总结

1. 讨论

（1）人工智能的核心技术有哪些？

（2）思考一下你所使用的手机上，有哪些与人工智能相关的应用？

2. 小结

本学习单元主要讲述了人工智能的主要核心技术，包括计算机视觉、机器学习、自然语言处理、机器人和语音识别等技术的应用，目前这些技术均已经成为独立的产业。对于数据标注员来说，了解核心技术的应用场景将有利于扩大自己的业务视野。

三、单元练习

试列出常用的智能系统。

课　程 3-2

智能系统维护

学习单元 1　系统功能日志维护

在智能系统的运维工作中，我们需要熟悉日志相关的操作。首先要对日志有深入的理解，并在运维工作中利用好日志来分析系统，通过日志来定位并解决系统在运行中出现的各种问题。本学习单元将介绍日志的相关内容，并通过查看 Windows 系统日志来了解系统日志。

1. 日志的概念、规范、使用误区及运维监控。
2. 掌握 Windows 日志的查看方法。

一、背景知识

1. 日志的概念

在日常生活中，日志是指类似日记的日常记录。程序开发者为监控程序执行过程，会让程序在执行完一步或几步操作后输出相应的执行结果，该结果通常会记录系统或程序在什么时间、哪个主机、哪个程序上执行了什么操作，以及出现了什么问题等信息，这些信息被称为机器数据，即日志。当系统、程序或硬件设备出现原因不明的错误或故障时，运维人员可通过查看日志快速定位错误或故障的原因。

日志的基础价值在于资源管理、入侵检测及故障排查。运维人员可以使用系统自带的日志分析工具实现基础的系统故障排查。无论是在网络层面的故障，还是在安全层面、应用层面的故障，基本都可以从日志中发现端倪。随着企业发展壮大，产生的日志数据越来越多，能从日志数据中挖掘的价值也越来越大。相应地，日志的作用由单纯的监控告警，逐渐转向数据分析和智能运维。

2. 日志的作用

日志的作用可以概括为以下几个方面。

（1）故障排查。通过日志，运维人员可对系统进行实时健康度监控，系统日志记录就是为这个目的而设计的。

（2）数据分析。通过对业务系统日志进行关联分析，运维人员可以掌握业务系统的整体运行情况，并可通过日志进一步掌握用户画像、用户访问地域、用户访问热点资源等信息。

（3）安全合规审计。根据国家网络安全法等级保护要求，需要对安全设备日志进行集中存储和分析。

（4）内网安全监控。很多企业的信息泄露源于内部，使用日志进行用户行为分析以监控内网安全，已成为行业共识。

（5）智能运维。随着大数据时代的到来，数据管理和分析方案越来越智能，自动化运维已逐渐普及。机器数据作为智能运维的基础数据，必将发挥重要作用。

3. 运维监控

软件在开发完成后进行发布，发布运行后需要对其进行持续维护。运维人员不仅要对软件的正常运行负责，还要保证系统运行环境的健康。在运维监控的一系列工作中，日志数据显得尤为重要。

运维人员可以收集系统中的日志数据。由于企业规模不同，这些数据可能来自上百台、上千台机器中不同应用程序的日志（如应用的错误日志、访问日志、操作系统日志等）。基于这些数据，运维人员能够对企业的大规模集群设备进行集中管理和监控。

系统相关信息会在系统日志中有所记录，如磁盘使用情况。通过对磁盘容量进行监控分析，运维人员能够及时发现系统瓶颈，方便后续对系统进行扩容升级。运维人员可根据使用目的对不同模块的日志进行不同方式的处理。例如：对访问日志进行流计算，以实现实时监控；对操作日志进行索引，以实现性能查询；对重要日志进行备份存档等。

4. Windows 事件日志

Windows 事件日志记录着 Windows 系统中发生的各类事件。通过事件日志，运维人员可以监控用户对系统的使用情况，掌握计算机在特定时间发生的事件，此外也可以了解用户的各种操作行为。因此，它可以为调查提供很多关键信息。

Windows 事件日志文件本质上是数据库，其中包括有关系统、安全、应用程序的记录。记录的事件包含 9 个元素：日期 / 时间、事件类型、用户、计算机、事件 ID（常用事件见表 3-3）、来源、类别、描述、数据等信息。

表 3-3   Windows 常用事件列表

事件 ID	事件意义
1074	查看计算机的开机、关机、重启的时间以及原因和注释
6005	日志服务已启动，用来判断正常开机进入系统
6006	日志服务已停用
6009	非正常关机
4199	当发生 TCP/IP 地址冲突的时候，会出现此事件 ID
7045	服务创建成功
7030	服务创建失败
4624	登录成功的用户
4625	登录失败的用户
4672	授予了特殊权限

二、任务实施

本任务利用日志来查看系统账号登录情况，将登录失败的情况找出来。操作步骤见表 3-4。

表 3-4   系统日志查看

步　　骤	说　　明
第一步：用快捷键 Win+R 打开"运行"操作界面，运行 eventvwr.msc 命令	

续表

步　　骤	说　　明
第二步：打开事件查看器	
第三步：在事件查看器中，单击"安全"，查看安全日志	
第四步：在安全日志右侧的"操作"框中，单击"筛选当前日志"，输入事件 ID 进行筛选	

续表

步 骤	说 明
第五步：输入事件 ID：4625，进行日志筛选	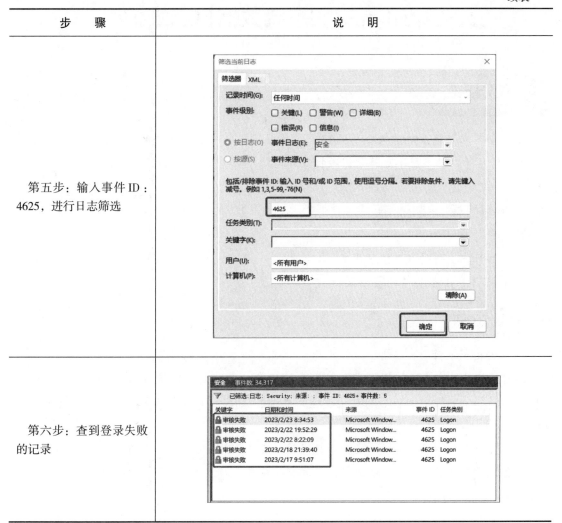
第六步：查到登录失败的记录	

三、单元总结

1. 讨论

（1）请描述系统日志的作用。

（2）通过日志可以了解哪些信息？

（3）Windows 系统日志可以通过什么方式查看？

2. 小结

本学习单元主要讲述日志的概念与相关的知识。作为智能系统的运维基础知识，本学习单元内容需要被认真理解。请大家在实践中熟练掌握日志的各种查看方式。

四、单元练习

上机练习查看 Windows 系统日志，熟悉常用事件的含义。

学习单元2　系统数据日志维护

任务描述

　　数据日志是智能系统中极重要的部分。数据日志包括业务相关的数据，如算法识别结果、事件信息等。本学习单元将介绍数据日志运维中数据库的导出操作。

学习目标

1. 了解日志数据的相关法律规定。
2. 掌握 MySQL 数据库的导出操作。

一、背景知识

1. 日志管理相关法律

　　目前，涉及日志管理的相关法律主要是 2017 年 6 月 1 日开始施行的《网络安全法》，这是我国第一部全面规范网络空间安全管理的基础性法律。《网络安全法》第二十一条对日志管理提出了明确要求，具体如下。

　　第二十一条　国家实行网络安全等级保护制度。网络运营者应当按照网络安全等级保护制度的要求，履行下列安全保护义务，保障网络免受干扰、破坏或者未经授权的访问，防止网络数据泄露或者被窃取、篡改：

　　（一）制定内部安全管理制度和操作规程，确定网络安全负责人，落实网络安全保护责任；

　　（二）采取防范计算机病毒和网络攻击、网络侵入等危害网络安全行为的技术措施；

　　（三）采取监测、记录网络运行状态、网络安全事件的技术措施，并按照规定留存相关的网络日志不少于六个月；

　　（四）采取数据分类、重要数据备份和加密等措施；

　　（五）法律、行政法规规定的其他义务。

　　一般来说，防火墙、IDS（入侵检测系统）、IPS（入侵防御系统）、防病毒网关、杀毒软件和防 DDoS 攻击系统等属于第二十一条第二款所述技术措施。

　　网络审计、行为审计、运维审计、日志管理分析、安全管理平台和态势感知平台等属于第二十一条第三款所述技术措施。日志在网络审计、安全审计、运维审计和事件回溯方面起到重要作用。法律明确规定，相关设备日志至少留存六个月。

另外，数据安全越来越重要，等级保护方案需要充分考虑数据备份、数据传输和数据存储安全等内容。

2. 数据库操作工具 MySQL Workbench

MySQL Workbench 是下一代的可视化数据库设计、管理的工具，它同时有开源和商业化的两个版本。该软件支持 Windows 和 Linux 系统。

二、任务实施

任务使用 MySQL Workbench 工具导出 MySQL 数据库中的数据表，实施步骤见表 3-5。

表 3-5   数据导出

步　　骤	说　　明
第一步：打开 MySQL WorkBench	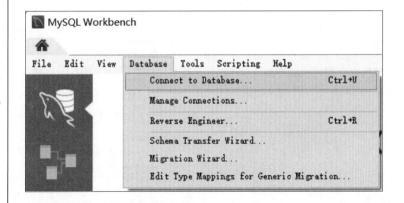
第二步：在 "Database" 菜单选择 "Connect to Database"，连接到数据库	

续表

步　骤	说　明
第三步：配置"Username"及"Password"	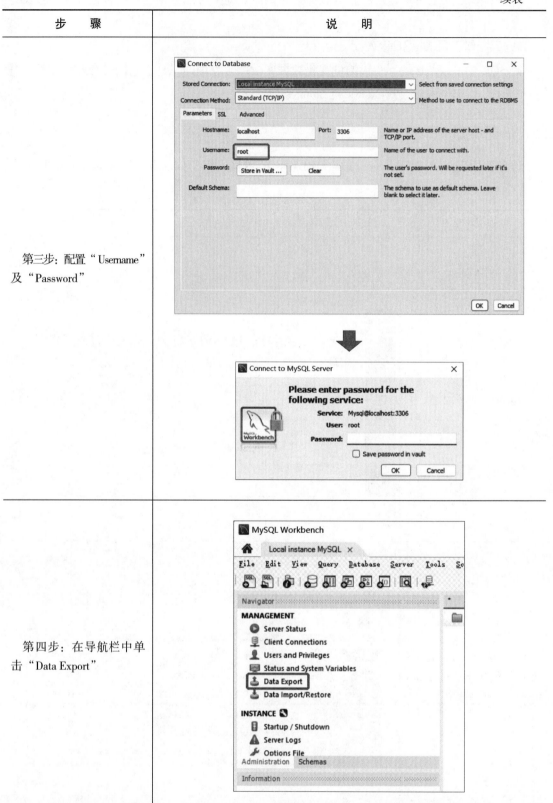
第四步：在导航栏中单击"Data Export"	

续表

步　　骤	说　　明
第五步：配置要导出的数据库表格及类型，配置输出到 sql 文件，单击"Start Export"	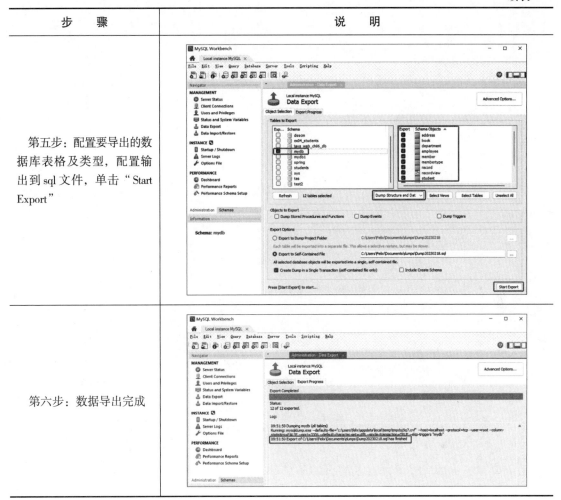
第六步：数据导出完成	

三、单元总结

1. 讨论

（1）《网络安全法》第二十一条对日志管理提出了什么要求？相关设备日志至少留存几个月？

（2）在数据的运维过程中，除了导出数据外，还可能会有哪些操作？

2. 小结

本学习单元主要讲述数据日志的相关法律规定，以及智能系统中的数据库导出操作。数据导出主要用于数据或日志的备份，是数据维护的重要任务之一，也是数据标注员需要掌握的重要技能。

四、单元练习

请使用 MySQL Workbench 登录数据库，选择一个示例数据库进行数据的导出操作。

第二部分

人工智能训练师
（数据标注员）（四级）

随着人工智能的发展，越来越多的企业开始将其引入自己的业务中，以提高生产效率和降低成本。然而，要使智能系统发挥最大的作用，除需要对原始采集数据进行处理和优化，保证数据质量外，还需要对标注后的数据进行归类和定义，找到关键特征，保证算法模型训练的有效性，进而通过模型系统的正确部署和配置，以及对运维数据的分析，进一步优化配置参数，保证智能系统的稳定和可靠。作为人工智能系统的使用者和训练师，《人工智能训练师国家职业技能标准（2021 年版）》对四级 / 中级工的岗位职责，如"业务数据质量检验"和"数据处理方法优化"，"数据归类和定义"和"标注数据审核"，以及"智能系统维护"和"智能系统优化"等方面，均提出了明确的知识和技能要求。

"数据采集和处理"模块介绍了数据质量的评价原则和数据分级分类管理办法，并通过自动驾驶车辆道路测试数据采集（见课程 4-1 学习单元 1）和医疗数据采集（见课程 4-1 学习单元 2）两个案例，针对性地描述了不同场景下的数据采集处理规范和流程，并在此基础上，从软硬件角度，探讨了数据采集处理的优化策略（见课程 4-2），以期在数据采集阶段，尽可能保证数据的质量。

"数据标注"模块以聚类分析（见课程 5-1 学习单元 1）、相关分析（见课程 5-1 学习单元 2）、关联分析（见课程 5-1 学习单元 3）和回归分析（见课程 5-1 学习单元 4）为例，介绍了数据特征之间关系的分析方法，为数据特征的提取、变换，以及定义，夯实了理论和实践基础。接着，在介绍标注数据质量检验的一般性知识的基础上（见课程 5-2 学习单元 1），分别针对图像和视频数据（见课程 5-2 学习单元 2）、语音数据（见课程 5-2 学习单元 3）和文本数据（见课程 5-2 学习单元 4）给出了标注数据质量的评价标准和检验审核方法，以期在数据标注阶段，获取高质量的训练数据，保证模型的有效性，提高模型的泛化能力。

"智能系统维护"模块以 Docker 为例，讲述了智能系统容器化部署的优势和具体操作步骤，以 MySQL Workbench 为例，介绍了数据维护权限的管理方法，并以 Excel 分析工具为例，探讨了系统配置参数的优化策略，以保证智能系统的稳定和可靠。

通过以上内容的学习，学员应掌握人工智能训练师四级 / 中级工的应知应会能力，不仅能熟悉业务数据采集、处理规范，会根据具体业务要求，梳理和优化数据采集和处理流程，而且能运用多种分析工具，探索数据间的内在关联性，并对相应的标注数据进行审核，在保证准确性和完整性的基础上，筛选出显著特征，也能熟练掌握智能系统的部署方法，确保智能系统的高效使用。

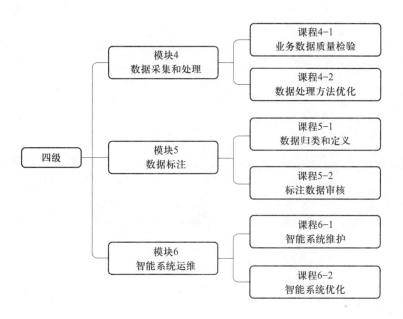

数据采集和处理

- ✓ 课程 4-1　业务数据质量检验
- ✓ 课程 4-2　数据处理方法优化

课　程 4-1

业务数据质量检验

学习单元 1　数据采集规范介绍

任务描述

　　大数据作为智能制造过程的生产要素，是制造过程分析和优化的基础，也是实现企业生产从要素驱动向创新驱动转型的原动力。原始数据采集的质量决定了数据预处理的难度和工作量，影响着生产过程的效率和效果，最终影响产品的质量。本学习单元将介绍一些通用的数据采集规范，目的是让数据采集员了解数据采集规范和数据质量评价原则。

学习目标

　　1. 了解数据采集的概念。

　　2. 了解数据质量的评价原则。

　　3. 了解数据采集规范。

一、背景知识

　　国务院在 2015 年印发的《中国制造 2025》中提出："建立国家工业基础数据库，加强企业试验检测数据和计量数据的采集、管理、应用和积累。"数据采集是获得有效数据的重要途径，同时也是工业大数据分析和应用的基础。数据采集和处理的目标是从企业内部和外部等数据源获取各种类型的数据，并围绕数据的使用，建立数据采集标准规范和处理机制流程，保证数据质量，提高数据管控水平。

1. 数据采集的概念

　　数据采集（data acquisition，DAQ）又称数据获取，是指通过传感器、射频识别（RFID）、条码扫描器、掌上电脑、数控设备、智能终端等手段获取各种类型的结构化、半结构化、准结构化和非结构化的数据，并通过互联网或现场总线等技术实现原始数据的传输。数据采集是大数据技术体系中的一项重要技术。

2. 数据质量评价原则

2013 年，国际数据管理协会（DAMA International）英国分会提出了数据质量的六个核心维度，即完整性（completeness）、有效性（validity）、准确性（accuracy）、及时性（timeliness）、一致性（consistency）、唯一性（uniqueness）。

（1）完整性。完整性指数据信息是否存在缺失的状况，常见于数据表中行、字段、码值的缺失。完整性是数据质量的最基础的一项评估标准。

（2）有效性。有效性包括范围有效性、日期有效性、形式有效性等，主要体现在数据记录的规范和数据是否符合逻辑。规范指的是一项数据应符合其特定的格式，如身份证号码是18 位数字；逻辑指的是多项数据间存在着固定的逻辑关系，如页面访问量一定大于或等于独立访问用户数。

（3）准确性。准确性指数据记录的信息是否存在异常或错误。常见的数据准确性错误如乱码。另外，异常的大或者小的数据也是不符合条件的数据。准确性可能存在于个别记录，也可能存在于整个数据集，如数量级记录错误。这类错误可以使用最大值和最小值的统计量来审核。

（4）及时性。及时性指数据从开始处理到可以查看的时间间隔。及时性对于数据分析本身的影响并不大，但如果数据建立的时间过长，就无法及时进行数据分析，可能导致分析得出的结论失去借鉴意义。例如，实时交通数据能及时反映交通流量、道路拥堵情况，数据不及时，则该数据分析失去实时疏导交通的意义。

（5）一致性。一致性指相同含义信息在多业务多场景中是否具有一致性。多源数据的数据模型可能不一致，如命名不一致、数据结构不一致、约束规则不一致等。

（6）唯一性。唯一性指在数据集中数据不重复的程度，通常以唯一数据条数占总数据条数的百分比来衡量。

我国在国家标准《信息技术　大数据　数据分类指南》（GB/T 38667—2020）中对数据质量做了明确的规范要求，即按照下列要素，将数据质量划分为高质量数据、普通质量数据和低质量数据。

一是数据的准确性，即数据是否存在异常、错误或过时。

二是数据的完整性，即数据是否存在缺失及缺失程度。

三是数据的一致性，即数据内容是否遵循统一规范。

四是数据的及时性，即数据是否及时到达目标应用。

五是数据的重复性，即是否存在大量重复数据。

3. 数据采集规范

数据采集规范指数据采集依据一定的规矩和标准，使得采集到的数据更具完整性、有效性、准确性、及时性、一致性、唯一性。

人工智能训练师（数据标注员）（五级　四级）
RENGONG ZHINENG XUNLIANSHI（SHUJU BIAOZHUYUAN）（WUJI　SIJI）

数据采集规范涉及的内容有：采集范围、规范性引用文件、术语和定义、基本原则、采集要求（采集对象、采集目的、采集环境、采集内容、采集频率、数据来源、数据类型、数据格式、采集流程、文件格式、文件命名）、人员要求、场所要求、设备要求、注意事项等。表 4-1 为上海某数据公司撰写的自动驾驶车辆道路测试数据采集规范。

表 4-1　　　　　　　　　　　自动驾驶车辆道路测试数据采集规范

文档内容	描　　述
1. 采集范围	本文件规定了自动驾驶车辆道路测试数据采集技术要求 本文件适用于自动驾驶车辆道路测试的安全监管
2. 规范性引用文件	下列文件中的内容通过文中的规范性引用而构成文件必不可少的条款。其中：注日期的引用文件，仅该日期对应的版本适用于本文件；不注日期的引用文件，其最新版本（包括所有的修改单）适用于本文件 2.1 上海市道路交通自动驾驶开放测试场景管理办法（试行） 2.2 上海市自动驾驶开放道路测试环境分级标准（试行） 2.3 上海市智能网联汽车道路测试管理办法（试行） 2.4《道路交通信号灯设置与安装规范》（GB 14886—2016） 2.5《道路交通信号灯》（GB 14887—2011） 2.6《汽车驾驶自动化分级》（GB/T 40429—2021）
3. 术语和定义	下列术语和定义适用于本文件 3.1 测试主体（test applicant） 道路测试的申请者 3.2 测试车辆坐标系（VUT coordinates） 3.3 自动驾驶功能（automated driving function） GB/T 40429—2021 中规定的 3 级及以上驾驶自动化功能的总称，包括"有条件自动驾驶""高度自动驾驶"和"完全自动驾驶"功能 3.4 自动驾驶模式（automated driving mode） 由自动驾驶系统执行全部动态驾驶任务的模式 3.5 测试场景（testing scenario） 车辆试验过程中所处道路、交通标志标线及目标物等要素的集合
4. 采集要求	4.1 车辆位置相关数据：位置、速度、航向角、俯仰角、加速度、横滚角、高度 4.2 车辆状态数据：自动驾驶状态、驻车状态、倒车状态、车灯状态、制动信息、油门信息、转向信息 4.3 交通信号灯数据：交通信号灯状态信息 4.4 路径规划数据：预期规划位置、预期规划航向、预期规划速度
5. 人员要求	5.1 采集部门应根据具体工作职能合理设置工作岗位，并配备相应的工作人员，例如，收样查验、图片拍摄、图片处理、信息采集、信息审核等工作人员 5.2 数据采集工作人员应符合以下要求 a）具备自动驾驶车辆道路测试数据和数据采集的知识储备 b）熟悉自动驾驶车辆道路测试数据采集技术要求 c）熟练掌握图片拍摄、计算机图像处理、文字信息采集、信息审核等技能 d）熟练操作图片拍摄、计算机图像处理、文字信息采集、信息审核等相关工作设备 e）具备良好的职业道德和沟通协调能力

194

续表

文档内容	描　　述
6. 测试场地和环境要求	6.1 测试场地要求 a）测试场地具备良好附着能力的混凝土或沥青路面 b）交通标志和标线清晰可见，并符合 GB 5768 系列国家标准要求 c）道路及基础设施符合 GB 14886—2016、GB 14887—2011 和《收费用电动栏杆》（GB/T 24973—2010）要求 d）测试道路限速大于或等于 60 km/h 时，车道宽度不小于 3.5 m 且不大于 3.75 m e）测试道路限速小于 60 km/h 时，车道宽度不小于 3.0 m 且不大于 3.5 m 6.2 测试环境要求 测试应该在天气良好且光照正常环境下进行。若测试车辆需要在特殊天气或夜晚光照条件进行试验，可参照相应规范

二、单元总结

1. 讨论

（1）在数据采集过程中，保证数据质量是首要目标。数据的质量应该如何评价。

（2）表 4-2 列出了自动驾驶数据采集员的岗位职责。哪些职责对数据质量的影响较大。

表 4-2　　　　　　　　　　自动驾驶数据采集员的岗位职责

职责编号	职责描述
1	根据业务方的实际采集需求，制订采集计划和详细行车路线
2	按照采集规范完成数据采集，并对数据进行整理、检查，确保数据的完整性
3	熟悉采集系统各个模块的工作原理，及时预判和解决设备问题
4	整理每日工作日志，定期输出工作总结和报告
5	及时学习并掌握技术变更，工作中保持积极思考，及时提出技术改进建议
6	高效完成部门、团队安排的各项工作

2. 小结

人工智能行业对数据采集的质量要求比较高，数据服务团队的项目负责人需要深刻理解采集标准和规范。在实际的数据采集过程中，采用合理的数据采集方式，配备具有经验和资质的数据采集人员，严格按照规范操作。采集的数据最后要做质量检查，剔除不符合标准的数据，同时需要注重数据采集项目的时效性，为需求方提供优质的数据服务。

三、单元练习

请说出至少 5 个和数据采集有关的国家标准。

学习单元2　数据处理规范介绍

任务描述

由于采集内容、采集场景、采集设备的多样性和采集数据的规模性，使得采集数据的格式和类型繁多，而且海量数据达到 PB 级甚至 EB 级别。因此，原始数据采集后，需要依据数据的分类、分级原则，对数据进行规范化的处理，包括数据整理、归类、整合、汇总等，目的在于减少后续的数据清洗和标注的工作量。本学习单元将介绍一般性的数据处理规范。

学习目标

1. 了解大数据的基本特征。
2. 了解基本的数据分类、分级标准和原则。
3. 了解数据规范化处理的方法。

一、背景知识

1. 大数据基本特征

随着数据采集技术的发展，大数据呈现出四个特性，规模性（volume）、多样性（variety）、高速性（velocity）和可变性（variability），即通常说的 4V 特征。这里主要介绍规模性和多样性。规模性是指大量机器设备的高频数据和互联网数据持续涌入，大型工业企业的数据集将达到 PB 级甚至 EB 级别。例如，在半导体制造行业中，对单片晶圆进行质量检验时，每个站点能生成几兆字节的数据，一台快速自动检验设备每年就可以收集到将近 2TB 的数据。多样性是指数据类型多样和来源广泛。制造业数据分布广泛，数据来源于机器设备、工业产品、管理系统、互联网等各个领域，并且结构复杂，既有结构化和半结构化的传感数据，也有非结构化数据。有些领域的数据还有其自身的特点。例如，制造业数据除了具备大数据 4V 特征以外，还兼具体现制造业特点的 3M 特性，即多来源（multi-source）、多维度（multi-dimension）、多噪声（much noise）。多来源是指制造业数据来源广泛，数据覆盖了整个产品生命周期各个环节。同样以晶圆生产为例，晶圆制造车间的产品订单信息、产品工艺信息、制造过程信息、制造设备信息分别来源于排产与派工系统、产品数据管理系统、制造执行系统、制造数据采集系统、数据采集与监控系统和良率管理系统等。多维度是指同一个体具有多个维度的特征属性，不同属性直接存在复杂的关联或者耦合关系，并共同影响当前个体状态。多噪声指生产制造环境使采集到的数据存在错误或异常。

2. 数据分类

数据分类有多种不同的标准。例如，基于数据特征和数据来源的多样性，可进行以下分类。

（1）按企业生产运营模式划分数据来源。工业企业结合生产制造模式、平台企业结合服务运营模式，分析梳理业务流程和系统设备，考虑行业要求、业务规模、数据复杂程度等实际情况，对数据进行分类梳理和标识，形成数据来源分类。

1）依据工业企业数据分类维度划分数据来源，见表 4-3。

表 4-3　　　　　　　　　　　　工业企业数据来源分类

来源	数据类型
研发数据域	研发设计数据、开发测试数据等
生产数据域	控制信息、工况状态、工艺参数、系统日志等
运维数据域	物流数据、产品运行状态数据、产品售后服务数据等
管理数据域	系统设备资产信息、客户与产品信息、产品供应链数据、业务统计数据等
外部数据域	与其他主体共享的数据等

2）依据平台企业数据分类维度划分数据来源，见表 4-4。

表 4-4　　　　　　　　　　　　平台企业数据来源分类

来源	数据类型
平台运营数据域	物联网采集数据、知识库模型库数据、研发数据等
企业管理数据域	客户数据、业务合作数据、人事财务数据等

（2）按企业生产阶段划分数据来源，见表 4-5。

表 4-5　　　　　　　　　　按企业生产阶段划分数据来源

来源	数据类型
企业内部信息 （产业链内部数据）	企业资源计划（ERP）、产品生命周期管理（PLM）、供应链管理（SCM）、客户关系管理（CRM）和能量管理系统（EMS）等业务系统数据，涵盖企业生产、研发、物流、客户服务等数据
物联网信息（工业生产过程中的数据）	装备、物料及产品加工过程的工况状态参数、环境参数等生产情况数据，通过制造执行系统（MES）实时传递
企业外部信息 （产品售后数据）	使用、运营情况数据，客户名单，供应商名单，外部互联网数据等

（3）按行业需求划分数据来源。可分为医疗数据、政府投资数据、天气数据、金融数据、教育数据、交通数据、能源数据、农业数据等。

3. 数据分级

根据不同类别数据遭篡改、破坏、泄露或非法利用后，可能对工业生产、经济效益等带来的潜在影响，可将数据分为表 4-6 中的 3 个级别。

表 4-6　　　　　　　　　　　　　　　　　数据分级

等级	描　　述
三级	易引发特别重大生产安全事故或突发环境事件，或造成直接经济损失特别巨大；对国民经济、行业发展、公众利益、社会秩序乃至国家安全造成严重影响
二级	易引发较大或重大生产安全事故或突发环境事件，给企业造成较大负面影响，或直接经济损失较大 引发的级联效应明显，影响涉及多个行业、区域或者行业内多个企业，或影响持续时间长，或可导致大量供应商、客户资源被非法获取或大量个人信息泄露 恢复数据或消除负面影响所需要付出的代价较大
一级	对工业控制系统及设备、工业互联网平台等的正常生产运行影响较小 给企业造成负面影响较小，或直接经济损失较小 受影响的用户和企业数量较少，生产生活区域范围较小，持续时间较短 恢复数据或消除负面影响所需要付出的代价较小

针对三级数据采取的防护措施，应能抵御来自国家级敌对组织的大规模恶意攻击；针对二级数据采取的防护措施，应能抵御大规模、较强恶意攻击；针对一级数据采取的防护措施，应能抵御一般恶意攻击。

4. 数据规范化处理

（1）整理。对数据进行格式和名称的规范，保证后续归类和汇总的有效性。

1）变量规范。即变量格式应该具备有效性，能够用于后续的归类和汇总工作。例如，图 4-1 为患者信息 Excel 数据表，"血压"变量中带斜杠的格式无法进行科学计算，在整理过程中需要拆分为两列数字（高压和低压），后续的汇总工作才能正常进行，修改后的患者信息数据表如图 4-2 所示。

	A	B	C	D	E	F	G	H	I
1	患者编号	采集时间	采集地点	采集部位	采集设备	采集次数	血压	心率（min）	血糖
2	202300006	2022-10-21	EH	胸部	CT	1	128/80	90	7
3	202300034	2023-01-02	EA	肺部	CT	2	135/90	89	6.3
4	202300059	2021-01-14	EB	大脑	MRI	2	142/97	115	5
5	202300012	2023-01-18	EV	胆囊	B超	2	125/88	94	5.8
6	202300047	2021-01-28	DA	肝脏	CT	3	110/95	89	4.7
7	202300096	2023-02-06	EB	胆囊	CT	1	140/110	110	5.9
8	202300061	2022-09-10	EH	胆囊	增强CT	1	98/77	85	6
9	202300032	2023-01-08	EA	心脏	CT	1	108/78	80	5.5
10	202300061	2023-01-29	EA	腰椎	MRI	2	99/75	78	5.8
11	202300034	2021-05-03	EB	肾脏	CT	1	130/90	89	6.2
12	202300032	2021-03-31	EA	大脑	MRI	3	147/101	112	7.3
13	202300006	2022-02-01	EH	腹部	MRI	1	149/114	118	4.9
14	202300047	2022-03-21	EH	甲状腺	B超	1	110/90	90	4.6
15	202300047	2021-07-19	EV	肺部	CT	1	112/91	93	4.5

图 4-1　患者信息数据表

	A	B	C	D	E	F	G	H	I	J
1	患者编号	采集时间	采集地点	采集部位	采集设备	采集次数	高压	低压	心率（min）	血糖
2	202300006	2022-10-21	EH	胸部	CT	1	128	80	90	7
3	202300034	2023-01-02	EA	肺部	CT	2	135	90	89	6.3
4	202300059	2021-01-14	EB	大脑	MRI	2	142	97	115	5
5	202300012	2023-01-18	EV	胆囊	B超	2	125	88	94	5.8
6	202300047	2021-01-28	DA	肝脏	CT	3	110	95	89	4.7
7	202300096	2023-02-06	EB	胆囊	CT	1	140	110	110	5.9
8	202300061	2022-09-10	EH	胆囊	增强CT	1	98	77	85	6
9	202300032	2023-01-08	EA	心脏	CT	1	108	78	80	5.5
10	202300061	2023-01-29	EA	腰椎	MRI	2	99	75	78	5.8
11	202300034	2021-05-03	EB	肾脏	CT	1	130	90	89	6.2
12	202300032	2021-03-31	EA	大脑	MRI	3	147	101	112	7.3
13	202300006	2022-02-01	EH	腹部	MRI	1	149	114	118	4.9
14	202300047	2022-03-21	EH	甲状腺	B超	1	110	90	90	4.6
15	202300047	2021-07-19	EV	肺部	CT	1	112	91	93	4.5

图 4-2　修改后的患者信息数据表

2）命名规范。同一事物不能使用不同名称，不同事物的名称不能相同。同一事物使用不同名称会造成重复归类或者汇总误差。建议文件命名在字段之间用"+"，例如，患者编号 + 采集设备 + 采集部位 .jpg，具体示例如"202300006+CT+ 胸部 .jpg"。不同事物命名相同，则会造成汇总数据遗漏、丢失，这种情况可以通过在文件名中增加字段来解决，例如，患者编号 + 采集设备 + 采集部位 + 采集地点 .jpg，具体示例如"202300006+CT+ 胸部 +EH.jpg"。

（2）归类。把性质或参数相同的数据划分在一起。归类原则可以参考 MECE 原则，即要求相互独立、完全穷尽。第一，所有的数据都必须涵盖全，不能遗漏；第二，分类之间不允许重复和交叉；第三，同一级次分类的维度要统一，颗粒度要一致。结构化数据采用数据库二维表归类；非结构化数据是数据结构不规则或不完整，无法用数据库二维逻辑表归类的，则可以采用树形目录的结构形式进行归类，如自动驾驶源数据，见表 4-7。

（3）整合。按照归类的类别，把同类数据合并在一起。数据整合和合并是将相关的源数据组合成一致的数据结构，装入整合数据库。例如，多数据源的整合，数据来源于多个不同的客户系统，对相同客户可能分别有不同的键码，将它们组合成一条单独的记录。

表 4-7　　　　　　　　　　　　　　自动驾驶源数据归类

归类类别	归类对象
汽车类型	私家车、警车、消防车、救护车、出租车、货车等
汽车参数	汽车速度、纵 / 横向加速度、转向角、滑行角度、GPS 坐标、陀螺仪角度等
天气情况	晴天、阴天、雨天、雾天、雪天，早晨、下午、晚上等
采集时间	0—24 点各时间段
采集场景	市区道路、乡村道路和高速公路等
数据类型	图片、视频、点云数据（雷达数据）等
采集工具	单目视觉、双目视觉、毫米波雷达、激光雷达等多传感器融合，红外、雷达、多功能相机
摄像头位置	前视、环视、后视、侧视、内置

（4）汇总。按照类别，对数据进行排列组合，获取有价值的数据信息。流行的大数据汇总工具有 Excel、BI、Python 语言、SPSS 等。例如，Excel 的分类汇总如图 4-3 所示。

患者编号	采集时间	采集地点	采集部位	采集设备	采集次数	高压	低压	心率（min）	血糖
202300006	2022-10-21	EH	胸部	CT	1	128	80	90	7
202300034	2023-01-02	EA	肺部	CT	2	135	90	89	6.3
202300059	2021-01-14	EB	大脑	MRI	2	142	97	115	5
202300012	2023-01-18	EV	胆囊	B超	2	125	88	94	5.8
202300047	2021-01-28	DA	肝脏	CT	3	110	95	89	4.7
202300096	2023-02-06	EB	胆囊	CT	1	140	110	110	5.9
202300061	2022-09-10	EH	胆囊	增强CT	1	98	77	85	6
202300032	2023-01-08	EA	心脏	CT	1	108	78	80	5.5
202300061	2023-01-29	EA	腰椎	MRI	2	99	75	78	5.8
202300034	2021-05-03	EB	肾脏	CT	1	130	90	89	6.2

图 4-3 Excel 分类汇总示意图

二、单元总结

1. 讨论

（1）自动驾驶汽车数据采集的数据类型有哪些？

（2）自动驾驶汽车数据采集的主体有哪些？

2. 小结

面对复杂、海量的采集数据，我们需要进行规范的数据处理，根据数据的属性或特征，按照一定的原则和方法进行区分和归类，并建立一定的分类体系和排列顺序，更好地管理和使用数据，使数据在下一个处理流程有更好的使用价值。

三、单元练习

对配套资料 data 目录中"4-1-2"文件夹下的患者影像采集数据 2 按照采集设备和采集地点进行汇总。

课　　程 4-2
数据处理方法优化

任务描述

采集设备的安装、数据库结构、服务器的配置、采集数据处理方法的选择，都会影响数据采集的效率、质量和稳定性。本课程将从硬件环境、数据库结构以及服务器的角度来介绍数据采集和处理流程中的优化策略，目的是利用更合理的数据采集和处理流程完成符合要求的数据采集，提供符合质量检验的采集数据。

学习目标

1. 了解数据采集流程的基本框架。
2. 了解典型的数据采集流程。
3. 了解数据采集流程和处理流程中的优化策略。

一、背景知识

数据处理方法的优化包括数据采集和处理流程的优化。在进入优化学习之前，我们先来了解一下数据采集方式和数据采集流程的基本框架，然后针对不同的采集方式和处理方法提出优化策略。

1. 数据采集方式

数据采集方式从数据来源和类型角度可以分为互联网数据采集和工业数据采集两大类。互联网数据采集是按照某种规则，通过程序或脚本自动抓取万维网信息，它支持文本、图片、音频、视频、网络流量等数据的采集。工业数据采集是基于工业设备的采集，包括数控机床数据采集、切割机数据采集、机器人数据采集、PLC（可编程逻辑控制器）、RTU（无线远程采集终端）、DTU（数据传输终端）数据采集，以及工业仪表（各类传感器）等，用于采集数据和实现数据对接各大工业平台。

2. 数据采集流程的基本框架

数据采集流程的基本框架如图 4-4 所示。

应用场景不同，采集方案就不同，因此采集方案需要根据需求制订。数据采集的具体流程需要按照实际情况来制订。以下是几种典型的数据采集流程。

（1）互联网数据采集流程见表 4-8。

（2）语音采集流程见表 4-9。

（3）工业相机实时采集图像的流程见表 4-10。

3. 采集和处理流程中的优化策略

一般来说，数据采集和处理流程的优化可根据采集数据的特点，从硬件环境、数据库结构、服务器性能等方面着手考虑。

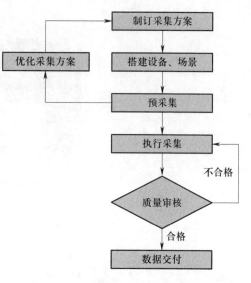

图 4-4　数据采集流程的基本框架

表 4-8　　　　　　　　　　　　　　互联网数据采集流程

流程图	描　　述
发起请求 → 获取响应 → 解析数据 → 保存数据	第一步：发起请求。HTTP 库向目标站点发请求，然后等待服务器响应
	第二步：获取响应。服务器正常响应，响应的内容是所要获取的页面内容，类型可能是 HTML、JSON 字符串，二进制数据（图片或者视频）等类型
	第三步：解析数据。得到的数据是 HTML 就用正则表达式进行解析，是 JSON 格式则转换为 JSON 对象解析
	第四步：保存数据。保存形式多样，可以存为文本，也可以保存到数据库，或者保存为特定格式的文件

表 4-9　　　　　　　　　　　　　　语音采集流程

流程图	描　　述
输入语音 → 拾音器采集语音 → 模拟信号数字化 → 生成音频文件	第一步：输入语音
	第二步：拾音器采集语音。通过拾音生成原始模拟信号
	第三步：模拟信号数字化。数字化过程即采样、量化和编码
	第四步：生成音频文件

表 4-10　　　　　　　　　　　工业相机实时采集图像的流程

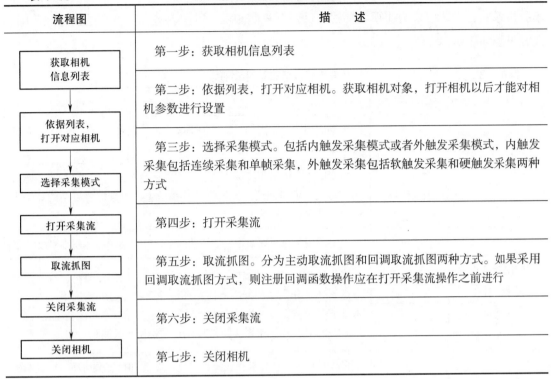

流程图	描　述
获取相机信息列表	第一步：获取相机信息列表
依据列表，打开对应相机	第二步：依据列表，打开对应相机。获取相机对象，打开相机以后才能对相机参数进行设置
选择采集模式	第三步：选择采集模式。包括内触发采集模式或者外触发采集模式，内触发采集包括连续采集和单帧采集，外触发采集包括软触发采集和硬触发采集两种方式
打开采集流	第四步：打开采集流
取流抓图	第五步：取流抓图。分为主动取流抓图和回调取流抓图两种方式。如果采用回调取流抓图方式，则注册回调函数操作应在打开采集流操作之前进行
关闭采集流	第六步：关闭采集流
关闭相机	第七步：关闭相机

（1）音频数据采集优化。在音频采集过程中，拾音器要尽量靠近监听声源安装，尽量靠近主要的谈话区域，才能达到预期的拾音效果，见表 4-11。

表 4-11　　　　　　　　　　　　拾音器安装位置

场景	优化方案
教室	尽量安装在讲台附近
汽车内部	尽量安装在主驾驶方向盘背面位置
会议室	尽量安装在天花板中央

（2）图像及视频数据采集优化。在视频和图片采集过程，传感器的选择、安装位置和校准，需要根据具体情况设计优化策略。以自动驾驶汽车为例，驾驶场景数据的采集主要包含两部分内容：一是驾驶场景数据采集平台的搭建和工具链的设计，驾驶场景数据的采集除需要相应的感知系统、定位系统、上位机系统、工控机系统支撑外，还需要依靠统一的工具链实现传感器标定、数据存储和同步处理；二是采集方案设计，驾驶场景数据采集要依据采集要求，设计合理的采集方案，包含采集路线设计、采集天气情况及地理情况覆盖、白天及夜晚光线条件、采集参数精度设定等。根据上述两方面设计，可以有以下两种优化策略。

1）优化策略一。传感器选择和安装位置的优化。汽车是通过传感器来感知环境的，智能驾驶汽车环境感知传感器主要包括摄像头（单 / 双 / 三目摄像头、环视摄像头）、毫米波雷达和激光雷达。根据自动驾驶功能需求，实现全部自动驾驶功能则至少需要安装 6 个以上的车载摄像头，安装位置为前视、环视、后视、双侧侧视，以及内置。车载传感器感知范围和性能见表 4-12。

表 4-12 车载传感器感知范围和性能

传感器	感知范围	性　　能
环视摄像头	8 m	主要应用于短距离场景，可识别障碍物，但对光照、天气等外在条件很敏感，技术成熟，价格低廉
前视摄像头（单目）	50°/150 m	主要应用于中远距离场景，能识别清晰的车道线、交通标识、障碍物、行人，但对光照、天气等条件很敏感，而且需要复杂的算法支持，对处理器的要求也比较高
超声波雷达	5 m	主要应用于短距离场景，如辅助泊车，结构简单、体积小、成本低
侧向毫米波雷达（24 GHz）	110°/60 m	毫米波雷达可有效提取景深及速度信息，识别障碍物，有一定的穿透雾、烟和灰尘的能力，但在环境障碍物复杂的情况下，由于毫米波依靠声波定位，声波出现漫反射，导致漏检率和误差率比较高。24 GHz 雷达主用于中短测距，77 GHz 雷达用于长测距
前向毫米波雷达（77 GHz）	15°/170 m	
激光雷达	110°/100 m	多线激光雷达可以获得极高的速度、距离和角度分辨率，形成精确的 3D 地图，抗干扰能力强，是智能驾驶汽车发展的最佳技术路线，但是成本较高，也容易受到恶劣天气和烟雾环境的影响

基于车载传感器的感知范围和性能，也可针对自动驾驶中变道场景，进行数据采集流程的优化策略，见表 4-13。

表 4-13 自动驾驶车自动变道优化

问题引入	优化方案
后向 24 GHz 毫米波雷达的探测距离为 60 m，假定车后安装了一台 24 GHz 毫米波雷达，那么在 60～90 m 这段距离变道则存在较大危险。若前后车距在此范围内，开始变道时，系统会误判为符合变道条件。随着左后方车辆高速接近，自动变道过程中安全距离不足，本车中途终止变道，返回原车道，该过程会对其他车辆的正常驾驶造成危害，也会给本车的乘员带来不安全感	要解决此场景下智能驾驶汽车自动变道的安全问题，采集流程中传感器方案可做如下优化 方案 1：考虑增加一个 77 GHz 后向毫米波雷达，它的探测距离可以达到 150 m 以上，足以满足场景中 90 m 的探测距离要求 方案 2：采用探测距离达到 100 m 以上的 8 线激光雷达或摄像头解决 24 GHz 毫米波雷达探测距离不足的问题，而前车安全距离要保证至少 100 m，也保证了车辆有足够的制动时间

2）优化策略二。传感器校准优化。在车辆行驶过程中，振动等会使传感器位置与原位置产生偏离。因此在采集过程中有必要每隔一定的时间对传感器进行校准，包括对相机内外参数的校准以及对雷达等传感器的参数的校准，为后续的场景数据处理、场景库搭建，以及

场景应用等提供准确的数据基础。

（3）负载均衡优化。在大数据采集过程中，成千上万的用户同时进行访问和操作引起高并发数，在采集端需要部署大量数据库，数据库之间需要考虑如何进行负载均衡和分片。

（4）数据库结构优化。数据库结构优化不仅可以提高数据存储效率，还能有效提高数据查询速度。

1）把数据表分为实时表和历史表，并对实时表设定存储时间范围，通过后台服务程序自动完成实时表到历史表的迁移。

2）使用数据库分区，减少查询量。

3）精简日志中的字段。

（5）数据整合优化。不同类型的采集数据经过整合后，也能提高数据的利用率。

1）结构化数据整合。在数据库中采用基本属性和扩展属性，基本属性是共有字段，而扩展属性按照不同实体类型设置不同的属性内容，以数据表的格式存储，二者通过唯一的图元码进行标识和链接。该数据模型既要满足统一的管理要求，又能够保留不同数据的特有属性。

2）非结构化数据整合。图像拼接是非结构化数据整合的一种方式，它是将同一场景的多个重叠图像拼接成较大的图像的一种方法，在航空航天、医学成像、军事目标自动识别等领域应用广泛。图像拼接的输出是两个输入图像的并集，呈现出全景图像的外观。图 4-5 和图 4-6 中的飞机和小区全景图，就是分别由两张具有重叠区域的图片拼接而成的。

图 4-5　飞机拼接全景图

图4-6　小区拼接全景图

二、单元总结

1. 讨论

（1）如果采集数据来自不同的软件系统，在数据库类型相同的情况下，如何实现采集数据的整合？

（2）如果采集数据来自不同的软件系统，在数据库类型不同的情况下，如何更好地实现采集数据的整合？

2. 小结

数据处理方法的优化包含数据采集和处理流程两个方面的优化。本学习单元介绍了数据采集流程的基本框架，采集方案的不同使数据采集流程各不相同，优化策略也不尽相同，可以从采集的硬件环境、负载均衡、数据库结构，以及数据整合方式方面提出和分析流程的优化策略。

三、单元练习

1. 请针对互联网商品数据采集和处理流程提出优化策略。
2. 请给出某一具体的工业数据采集流程，并提出优化策略。

模块

块

5

数据标注

数据归类和定义

学习单元1　聚类分析

在工作中，当我们初次面对一个没有标注的复杂数据集时，往往需要对其做一些探索性分析，以挖掘其内在的规律。聚类分析就是其中一种典型的探索性分析方法，它是一种无监督机器学习，可以将未知类别的样本根据某种度量划分成若干簇，使得簇内样本的特征尽可能相似，簇间样本的特征尽可能不同，从而揭示出数据集中样本之间的内在性质和相互关系。聚类分析在银行、零售、保险、医学、军事等诸多领域都有着广泛的应用。本学习单元将介绍常见的聚类分析方法。

1. 了解聚类分析的基本原理。
2. 熟练利用常见的 K-means 算法进行数据分析。

一、背景知识

1. 聚类的概念

聚类通俗地说就是"物以类聚"，其目的是将一组样本分成若干簇，使簇内样本具有相似的特征，而簇间样本的特征不同，即所谓"同类相同、异类相异"。聚类后的簇可以用簇中心、簇大小、簇密度和簇描述来表示，如图 5-1 所示。

（1）簇中心。簇中心是指一个簇中所有样本点的质心，类似球体的球心或物体的重心。

（2）簇大小。簇大小是指簇中样本的数量。

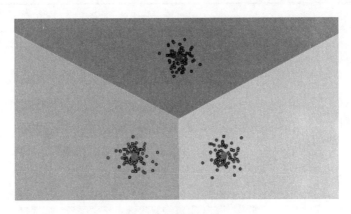

图 5-1　聚类示例

（3）簇密度。簇密度是指簇中样本的紧密程度，即一个度量单位内样本的多少。

（4）簇描述。簇描述是指簇中样本特征的概况。

2. 聚类算法

（1）聚类算法分类。目前有许多种聚类算法，根据算法研究的特点，可以对其进行不同的分类。

1）基于划分的算法。有 K-means 算法、K-medoids 算法和 K-prototypes 算法等。

2）基于层次的算法。有自上而下的算法，如 DIANA（divisive analysis），以及自下而上的算法，如 AGNES（agglomerative nesting）。

3）基于密度的算法。有 DBSCAN（density-based spatial clustering of applications with noise）算法、OPTICS（ordering points to identify the clustering structure）算法等。

4）基于模型的算法。有概率模型聚类算法，如 GMM（gaussian mixture models），以及神经网络模型聚类算法，如 SOM（self-organized maps）。

（2）聚类算法举例。在众多聚类算法中，K-means 算法是一种应用较广泛的聚类算法，该法也称为 K 均值聚类算法，其特点是先定 K 值再迭代求解。其原理是：随机选取 K 个样本作为初始聚类中心；计算每个样本与初始聚类中心的距离（如欧式距离），并根据距离远近，将数据集中的样本分配到与之最近的聚类中心，这样就将数据集划分为 K 簇初始簇；对每一个初始簇重新计算聚类中心（如簇中所有样本的平均值），再计算数据集所有样本到各个新聚类中心的距离，并根据距离远近，将其划分到与之最近的聚类中心；重复操作，直到聚类中心不再变化为止。K-means 算法原理示意见表 5-1。

3. 聚类分析过程

由于不同的聚类算法有着不同的应用场景，有的适合大数据集，可以发现任意形状的簇，有的则适用于小数据集，还有的只适用于某些有特殊形状（如球状）簇的数据集。因此，在进行聚类分析时，要充分挖掘应用场景的特征因素，进而选择与之相适应的聚类算法。一般来说，聚类分析过程包括以下环节。

表 5-1   K-means 算法原理

步　　骤	说　　明
第一步：导入数据集。假定要将其划分为 3 簇	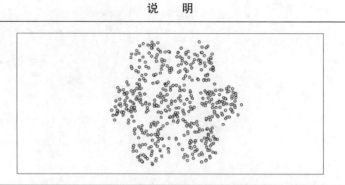
第二步：随机选择 3 个点作为初始聚类中心，将数据集划分为初始 3 簇	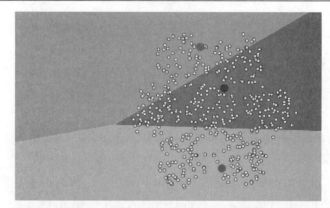
第三步：确定每簇新的中心，并依据新中心，将数据集划分为新 3 簇	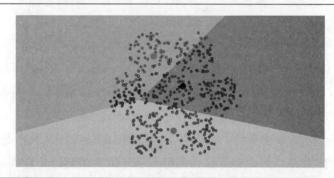
第四步：重复第三步，直到簇中心点不再发生变化为止	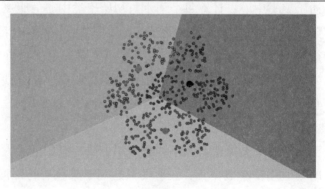

续表

步　　骤	说　　明
	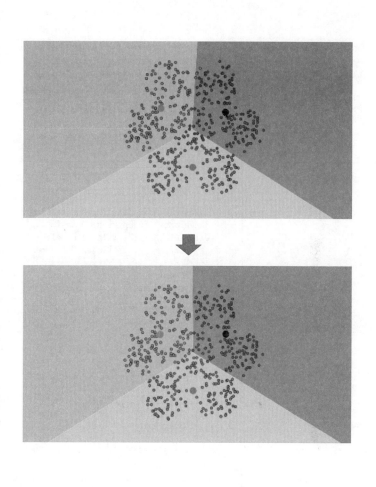

（1）数据准备。这个环节主要针对数据集的特征进行标准化和降维。

（2）特征选择。此环节要从上一环节中选择最有效的特征进行向量化处理。

（3）特征提取。根据算法要求，对所选特征进行必要的转换，构成新的突出特征。

（4）聚类分组。根据算法要求，选择适合特征类型的度量函数（如距离函数等），进而执行聚类算法。应该注意，一个给定的数据集可以有多种有意义的划分方式。

（5）结果评估。此环节主要评估聚类结果是否合理，是否达到要求。

二、任务实施

本任务针对世界银行消除贫困数据集进行聚类分析，从而判断各国消除贫困工作的成效。数据标注员小张认真学习了本学习单元的相关知识，准备用 K-means 算法进行分析，主要步骤见表 5-2。

表 5-2　　　　　　　　　　　　　　K-means 算法分析步骤

步　骤	说　明

第一步：导入数据集	```python
	1 wb = pd.read_csv("./data/WBClust2013.csv")
	2 wb.head()
	``
	
	|
		Country	new.forest	Rural	log.CO2	log.GNI	log.Energy.2011	LifeExp	Fertility	InfMort

---	---	---	---	---	---	---	---	---	---
0	China	-5.929375	46.832	1.839733	8.651724	7.615477	75.199512	1.6630	10.9
1	India	-2.735634	68.006	0.568836	7.346010	6.419537	66.210854	2.5050	41.4
2	United States	-1.688899	18.723	2.871538	10.865707	8.858293	78.741463	1.8805	5.9
3	Indonesia	4.636429	47.748	0.643540	8.137396	6.753775	70.607244	2.3700	24.5
4	Brazil	3.222813	14.829	0.811049	9.362203	7.223405	73.617878	1.8110	12.3	

第二步：探索数据	```python
	1 wb.info()
	``
	
	``
	<class 'pandas.core.frame.DataFrame'>
	RangeIndex: 80 entries, 0 to 79
	Data columns (total 14 columns):
	 # Column Non-Null Count Dtype
	--- ------ -------------- -----
	 0 Country 80 non-null object
	 1 new.forest 80 non-null float64
	 2 Rural 80 non-null float64
	 3 log.CO2 80 non-null float64
	 4 log.GNI 80 non-null float64
	 5 log.Energy.2011 80 non-null float64
	 6 LifeExp 80 non-null float64
	 7 Fertility 80 non-null float64
	 8 InfMort 80 non-null float64
	 9 log.Exports 80 non-null float64
	 10 log.Imports 80 non-null float64
	 11 CellPhone 80 non-null float64
	 12 RuralWater 80 non-null float64
	 13 Pop 80 non-null int64
	dtypes: float64(12), int64(1), object(1)
	memory usage: 8.9+ KB
	``

第三步：数据归一化	```python
	1 def numpyNormalization(matrix):
	2 """
	3 基于Numpy实现矩阵数据归一化--特征数据按列归一化处理
	4 """
	5 temp = []
	6 for i in range(len(matrix[0])):
	7 one_col_list = np.array([one_row[i] for one_row in matrix])
	8 oneMinV, oneMaxV = one_col_list.min(), one_col_list.max()
	9 one_tmp_col = (one_col_list - oneMinV) / (oneMaxV - oneMinV)
	10 temp.append(one_tmp_col)
	11 result = []
	12 for k in range(len(temp[0])):
	13 one_col_list = [one_row[k] for one_row in temp]
	14 result.append(one_col_list)
	15 return result
	16
	17 wbcountry = wb.iloc[:,0]
	18 wbdata = wb.iloc[:,1:13].to_numpy()
	19 wbdatanorm = numpyNormalization(wbdata)
	20 print(list(wbcountry))
	21 print(wbdatanorm)
	``

续表

步　骤	说　明
| 第四步：聚类分组 | ```python
1  import numpy as np
2  from sklearn.cluster import KMeans
3  import os
4
5  def KM(n_clusters, X, Y, Cluster):
6      km = KMeans(n_clusters=n_clusters)
7      label = km.fit_predict(X)
8      Z = np.sum(km.cluster_centers_, axis=1)
9      print('------------- 簇 =', n_clusters, '-------------')
10     for i in range(len(Y)):
11         Cluster[label[i]].append(Y[i])
12     for i in range(len(Cluster)):
13         print("Z:%.2f" % Z[i])
14         print(Cluster[i])
15
16  Y = wbcountry
17  X = wbdata
18  KM(4, X, Y, [[], [], [], []])
19  KM(3, X, Y, [[], [], []])
20  KM(2, X, Y, [[], []])
21
``` |
| 第五步：评估结果。*K*=2 时，聚类结果最佳。这是因为 CH 系数越大，簇越紧密；轮廓系数越接近 1，簇越紧密 |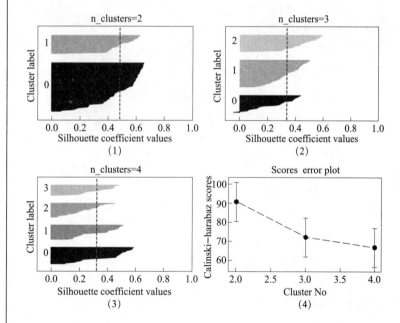

```
Max silhouette score 0 = 0.486019, for n_clusters = 2
Cluster 0:
China, United States, Indonesia, Brazil, Russian Federation, Japan, Mexico, Philippines, Vietn
am, Egypt, Arab Rep., Germany, Turkey, Thailand, France, United Kingdom, Italy, South Africa, K
orea, Rep., Colombia, Spain, Ukraine, Algeria, Canada, Iraq, Morocco, Peru, Malaysia, Saudi Arab
ia, Australia, Sri Lanka, Chile, Kazakhstan, Netherlands, Ecuador, Guatemala, Cambodia, Belgiu
m, Greece, Tunisia, Bolivia, Czech Republic, Portugal, Dominican Republic, Hungary, Sweden, Bel
arus, Azerbaijan, United Arab Emirates, Austria, Honduras, Switzerland, Israel, Bulgaria, Serb
ia, Paraguay, Jordan, El Salvador, Nicaragua,
Cluster 1:
India, Pakistan, Nigeria, Bangladesh, Ethiopia, Tanzania, Kenya, Sudan, Uzbekistan, Nepal, Ghan
a, Mozambique, Cameroon, Angola, Cote d'Ivoire, Zambia, Zimbabwe, Senegal, Benin, Haiti, Tajikis
tan, Togo,
``` |
```

三、单元总结

讨论

（1）聚类算法是一种有效的数据探索性研究工具，在使用之前为什么要对原始数据进行标准化处理？

（2）在利用 K-means 算法聚类时，如果初始聚类中心恰好选取了离群点，结果会怎样？

四、单元练习

利用 K-means 算法，对配套资料 data 目录中"5-1-1"文件夹下的数据进行聚类分析。

学习单元 2　相 关 分 析

相关分析（analysis of correlation）是一种探索性分析方法，有助于捕捉数据之间的关联效应。例如，在具体业务中，可以通过相关分析发现业务运营中的关键因素和驱动因素，进而对业务的发展进行预测。本学习单元将介绍利用多种相关系数的计算来探索数据间的关系。

1. 了解常见相关系数的计算方法。

2. 熟练掌握相关分析的基本步骤。

一、背景知识

1. 相关系数的概念

相关系数是指度量两个或两个以上随机变量之间相互依存关系的值。常用的相关系数有 Pearson 系数、Spearman 系数和 Kendall 系数。

（1）Pearson 系数。Pearson 系数适用于度量两个呈正态分布的连续成对变量之间的线性关系，其公式如下：

$$\rho_{X,Y} = \frac{Cov(X, Y)}{\sigma_X \sigma_Y} = \frac{\sum (X-\bar{X})(Y-\bar{Y})}{\sqrt{\sum (X-\bar{X})^2 \sum (Y-\bar{Y})^2}}$$

其中，$Cov(X, Y)$ 是随机变量 X 和 Y 的协方差；σ_X 和 σ_Y 分别表示随机变量 X 和 Y 的标准差；$\overline{X}$ 和 $\overline{Y}$ 分别是 X 和 Y 的平均值；$\rho_{X, Y} \in [0,1]$，$\rho_{X, Y}$ 越大，则 X 和 Y 的相关性越强。

（2）Spearman 系数。Spearman 系数也称等级变量之间的 Pearson 系数，即 Pearson 秩相关系数，适合于度量两个成对的有序分类变量的关系。在实际计算时，要先对原始变量降序排列，并将其排序后的位置索引分别记作 d_i^X 和 d_i^Y，再按照下列公式计算 Spearman 系数。

$$\rho_S = 1 - \frac{6 \sum d_i^2}{n(n^2-1)}$$

其中，$d_i = d_i^X - d_i^Y$。

（3）Kendall 系数。Kendall 系数与 Spearman 系数相似，也是一个测量两个随机变量秩相关性的统计值，通常用 τ 表示。其公式如下。

$$\tau = \frac{c-d}{\sqrt{(c+d+t_X)(c+d+t_Y)}}$$

其中，c 和 d 分别表示 X 和 Y 中一致对和分歧对的个数，t_X 和 t_Y 则分别表示 X 和 Y 中的并列排位个数。

在计算两个随机变量相关系数时，要根据变量是否连续，以及呈什么分布形态等特征来选择合适的计算公式。下面举一个例子说明如何求两个随机变量的相关系数。

假设有两个变量，它们的值分别是：

X	3	8	11	7	2
Y	5	10	18	10	6

● 排序：

X	3	8	11	7	2
Y	5	10	18	10	6
d^X	4	2	1	3	5
d^Y	5	2.5	1	2.5	4

$c=8$，$d=1$，$t_X=0$，$t_Y=1$

● 计算相关系数：$\rho_{X, Y} \approx 0.94$，$\rho_S \approx 0.88$，$\tau \approx 0.74$。

2. 进行相关分析的方法

相关分析通过计算随机变量间的相关系数，来判断它们之间相关程度的强弱。其具体分析过程有以下几个常见步骤。

（1）数据标准化。为了更好地比较和分析数据，需要将数据中存在的不同度量规模的特征（变量）进行转化，使之具有相同的度量尺度。

（2）绘制散点图。绘制出相关数据的散点图，以便直观判断数据的各个特征间是否存在某种内在关系。

（3）计算相关系数。根据（2），选择合适的相关系数计算公式。

（4）显著性检验。通过显著性检验，确认或接受由（3）得出的相关关系。

（5）进行业务判断。如果数据来源于实际业务，则可用显著性检验得出的结论来对业务进行解释或预测。

二、任务实施

本任务要对一个有关食物营养成分的数据集进行相关分析，此数据集中的营养成分包含"Energy""Protein""Fat""Calcium""Iron"等，希望通过相关分析，探讨各营养成分间是否存在某种内在关联关系。数据标注员小张认真学习了本学习单元的相关知识，准备按以下步骤进行相关分析，见表5-3。

表5-3 相关分析步骤

步 骤	说 明
第一步：导入数据集	``` 1 dffood = pd. read_csv('./data/FoodStuffs.csv') 2 dffood. head() ``` |	Food	Energy	Protein	Fat	Calcium	Iron
---	---	---	---	---	---	---
0	BB	340	20	28	9	2.6
1	HR	245	21	17	9	2.7
2	BR	420	15	39	7	2.0
3	BS	375	19	32	9	2.5
4	BC	180	22	10	17	3.7	
第二步：探索数据	``` 1 dffood. info() ``` <class 'pandas.core.frame.DataFrame'> RangeIndex: 27 entries, 0 to 26 Data columns (total 6 columns): # Column Non-Null Count Dtype --- ------ -------------- ----- 0 Food 27 non-null object 1 Energy 27 non-null int64 2 Protein 27 non-null int64 3 Fat 27 non-null int64 4 Calcium 27 non-null int64 5 Iron 27 non-null float64 dtypes: float64(1), int64(4), object(1) memory usage: 1.4+ KB

步　骤	说　明

第三步：数据标准化	```python
	1 from sklearn.preprocessing import StandardScaler
	2 df1 = dffood.iloc[:,1:]
	3 scaler = StandardScaler()
	4 scaler.fit(df1)
	5 data_scaler = scaler.transform(df1)
	6 df2 = pd.DataFrame(data_scaler,columns=['Energy','Protein','Fat','Calcium','Iron'])
	7 df2.head()
	``
	
	|
		Energy	Protein	Fat	Calcium	Iron

---	---	---	---	---	---
0	1.335059	0.239681	1.314297	-0.456581	0.155015
1	0.378515	0.479361	0.318516	-0.456581	0.224772
2	2.140569	-0.958723	2.310078	-0.482699	-0.263526
3	1.687470	0.000000	1.676399	-0.456581	0.085259
4	-0.275962	0.719042	-0.315163	-0.352109	0.922342	
第四步：绘制散点图	

第五步：计算相关系数	```python
	1 Pearson = df2.corr(method='pearson')
	2 print(Pearson)
	``
	
	``
	          Energy Protein Fat Calcium Iron
	Energy 1.000000 0.173848 0.987067 -0.320384 -0.099778
	Protein 0.173848 1.000000 0.024912 -0.085089 -0.174625
	Fat 0.987067 0.024912 1.000000 -0.308132 -0.060601
	Calcium -0.320384 -0.085089 -0.308132 1.000000 0.044292
	Iron -0.099778 -0.174625 -0.060601 0.044292 1.000000
	``

步 骤	说 明

```
1  Spearman = df2.corr(method='spearman')
2  print(Spearman)
```

	Energy	Protein	Fat	Calcium	Iron
Energy	1.000000	0.086583	0.986986	-0.632506	0.096933
Protein	0.086583	1.000000	-0.015675	-0.135099	0.193812
Fat	0.986986	-0.015675	1.000000	-0.589516	0.064179
Calcium	-0.632506	-0.135099	-0.589516	1.000000	0.075298
Iron	0.096933	0.193812	0.064179	0.075298	1.000000

```
1  Kendall = df2.corr(method='kendall')
2  print(Kendall)
```

	Energy	Protein	Fat	Calcium	Iron
Energy	1.000000	0.020746	0.946011	-0.470144	0.046924
Protein	0.020746	1.000000	-0.044781	-0.074916	0.209907
Fat	0.946011	-0.044781	1.000000	-0.452062	0.047268
Calcium	-0.470144	-0.074916	-0.452062	1.000000	0.086489
Iron	0.046924	0.209907	0.047268	0.086489	1.000000

第六步：显著性检验

```
1  Pearson1, Pv = stats.stats.pearsonr(df2.Energy, df2.Fat)
2  print("Pearson Correlation: ", Pearson1)
3  print("Pv: ", Pv)
```

Pearson Correlation: 0.9870673987288816
Pv: 2.1261271231995438e-21

```
1  Pearson1, Pv = stats.stats.pearsonr(df2.Energy, df2.Protein)
2  print("Pearson Correlation: ", Pearson1)
3  print("Pv: ", Pv)
```

Pearson Correlation: 0.17384811799799124
Pv: 0.385817352701171

```
1  Pearson1, Pv = stats.stats.pearsonr(df2.Energy, df2.Iron)
2  print("Pearson Correlation: ", Pearson1)
3  print("Pv: ", Pv)
```

Pearson Correlation: -0.09977765129308218
Pv: 0.6204831167690438

续表

步　骤	说　明
第七步：得出结论	"Energy"与"Fat"强线性正相关，与"Protein"和"Iron"不相关，与"Calcium"弱线性负相关。其他营养成分间的关系可从以下热图中观察得出 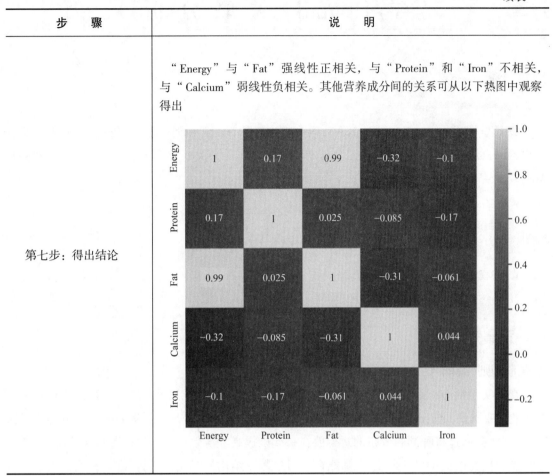

三、单元总结

1. 讨论

（1）在进行相关性分析时，显著性检验的意义是什么？

（2）如何判断一个序列是不是正态分布？可用哪些方法判断？

2. 小结

相关分析作为一种数据探索工具，可以通过计算变量间的相关系数，探索变量之间可能存在的某种关系。常用的相关系数有 Pearson 系数、Spearman 系数和 Kendall 系数。在进行相关性分析时，一般有以下步骤：数据标准化、绘制散点图、查看变量分布形态、选择合适的相关系数，以及显著性检验等。需要提醒注意的是相关分析研究的是变量间的相关关系，不是因果关系。

四、单元练习

按照相关分析步骤，对配套资料 data 目录中"5-1-2"文件夹下的数据进行相关分析。

学习单元3 关联分析

关联分析（association analysis）也称关联规则挖掘，是一种无监督算法。它常用于从数据中挖掘出潜在的关联关系，如经典的"啤酒与尿布"的关联关系。本学习单元将介绍利用 Apriori 算法对数据进行关联分析。

1. 掌握基本的关联规则概念。
2. 熟练掌握利用 Apriori 算法进行关联分析的步骤。

一、背景知识

1. 关联规则的基本概念

在现实生活中，经常会发生一些有趣现象：一个事物（或属性）的出现往往伴随着另一个事物（或属性）的出现。例如，售货商会发现"67% 的顾客在购买啤酒的同时也会购买尿布"，因此会通过将啤酒和尿布的货架放在一起以提高经济效益。又如，老师会惊讶"'C 语言'课程优秀的同学中 88% 以上都能在学习'数据结构'时获得优秀等第"，因此决定通过强化"C 语言"的学习来提高教学效果。关联分析的目的就是要从大量数据中找到类似的关联性。为表述方便，这里简单介绍一些基本概念。

（1）项与项集。项是指数据中的一个对象（事物或属性），如超市的啤酒、尿布等。项集就是若干项构成的集合，如项集 $A=\{$啤酒、尿布$\}$，$B=\{$面包、牛奶$\}$ 等。

（2）支持度。某项集 X 在总体项集中出现的概率 $P(X)$ 称为该项集的支持度，用 support（X）表示。支持度体现的是某项集的频繁程度，如下式所示。只有当某项集的支持度达到一定程度时，才有被研究的价值。

$$\text{support}(X)=P(X)=\frac{\text{包含项集 } X \text{ 的记录数}}{\text{总体项集的记录数}}$$

（3）置信度。项集 X 发生则 Y 也发生（即 $X \rightarrow Y$）的概率，称为 X 发生 Y 也发生的置信度，用 confidence（$X \rightarrow Y$）表示，其中 $X \rightarrow Y$ 称为一个从 X 到 Y 的关联规则。置信度体现的是关联规则的可靠程度。如果关联规则 $X \rightarrow Y$ 的置信度较高，则说明当 X 发生时，Y 有很大概率也会发生，这样就可能会带来研究价值。

$$\text{confidence}(X \rightarrow Y)=P(Y|X)=\frac{\text{包含 } X，Y \text{ 的记录数}}{\text{包含 } X \text{ 的记录数}}$$

（4）提升度。在关联规则 $X \to Y$ 中，将其置信度除以 Y 的支持度，就是其提升度，如下式所示。

$$\text{life}(X \to Y) = \frac{\text{confidence}(X \to Y)}{\text{support}(Y)}$$

（5）频繁项集。如果项集 X 的支持度满足预定义的最小支持度阈值，则 X 是一个频繁项集。一个频繁项集可能有多个关联规则，关联分析需要根据置信度对其进行剪枝（一种数据优化方法，去除没必要的中间结果）。

（6）关联规则。关联规则（association rules）可以反映一个事物与其他事物之间的相互依存性和关联性，如果两个或多个事物之间存在一定的关联关系，那么，其中一个事物就能通过其他事物预测到。关联规则是数据挖掘的一个重要技术，用于从大量数据中挖掘出有价值的数据项之间的关联关系。

2. 关联分析过程

在实际业务中，一个数据集可以有许多项集，我们重点关注的是频繁项集；而一个频繁项集也可能有许多关联规则，我们只关注有意义的关联规则。因此，关联分析的过程就是通过阈值进行剪枝的过程，即通过剪枝发现频繁项集和关联规则。

（1）发现频繁项集。按照"支持度大于最小支持度的项集"来寻找频繁项集。对于一个含 n 个对象的数据集来说，可能的项集有 2^n-1 个。如果 n 比较大，那么寻找频繁项集的工作量就很大。为了减小这个工作量，目前有不少方法，Apriori 算法是其中之一。

（2）发现关联规则。在频繁项集中按照"置信度大于最小置信度的规则"来寻找关联规则。同样，对于一个含 m 个对象的频繁项集来说，可能的规则有 $m(m-1)$ 个。因此，寻找关联规则的工作量也相当大。一种类似于 Apriori 算法的发现频繁项集的逐层剪枝策略可以大大提高效率。

3. Apriori 算法

Apriori 算法是一个经典的关联分析方法，下面介绍其基本思想。

（1）搜索频繁项集。Apriori 算法利用最小支持度，从 1 项集开始不断地查找频繁项集，直到找到最大的 k 项频繁项集。在 Apriori 算法中，有以下两个定律。

- 若某个项集是频繁的，则其所有子集也是频繁的。
- 若项集是非频繁的，则其所有超集也是非频繁的。

下面用一个例子说明 Apriori 算法查找频繁项集的过程。例如，有一个数据集包含 4 条记录：｛ A,C,D ｝｛ B,C,E ｝｛ A,B,C,E ｝和｛ B,E ｝。设定最小支持度为 $\text{Sup}_{\min}=2$，则利用 Apriori 算法可以得到频繁集为｛ B,C,E ｝。其分析过程如图 5-2 所示。

（2）搜索关联规则。既然关联规则均来源于频繁项集，那么就可以从生成的每一个频繁项集入手，将其进行拆分组合成前后件（如 A、B），就可以构成关联规则（如 $A \to B$ 或 $B \to A$），再通过最小置信度过滤掉不合要求的关联规则即可。为了提高搜索效率，也有一个类似 Apriori 算法的逐层剪枝算法，如图 5-3 所示。图 5-3 给出了从频繁项集 {0,1,2,3} 产生的所有关联规则，其中灰色关联规则表示其低于最小置信度，应该在剪枝后被去掉，且后件中包含该关联规则后件的关联规则将会被过滤掉，不会出现在下一轮搜索中。

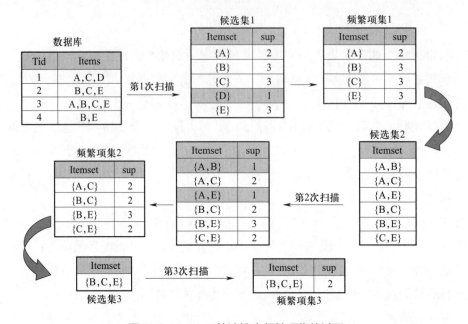

图 5-2　Apriori 算法搜索频繁项集的过程

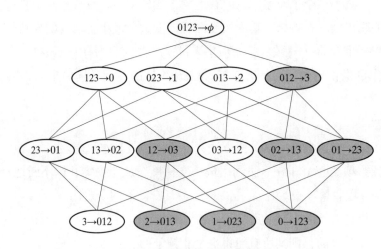

图 5-3　搜索关联规则示意图

二、任务实施

本任务是对某超市的销售订单进行关联分析，希望能找到销售商品间存在的某种关联，以便改进货架摆放和营销策略，提高销售额。数据标注员小张认真学习了本学习单元的相关知识，准备利用 Apriori 算法对该超市的销售订单进行关联分析。具体步骤见表 5-4。

表 5-4 关联分析步骤

步　　骤	说　　明
第一步：导入数据集	```1 data = pd.read_csv('./data/GoodsOrder.csv',encoding = 'gbk') # 读取数据``` ```2 data.head()``` 　　ID　　Goods 0　1　柑橘类水果 1　1　　人造黄油 2　1　　　即食汤 3　1　半成品面包 4　2　　　　咖啡

第二步：整理数据。①归并订单商品；②转换为商品项集	```1 data['Goods'] = data['Goods'].apply(lambda x:','+x)``` ```2 data = data.groupby('ID').sum().reset_index()``` ```3 data.head()```
	
	　　ID　　　　　　　　　　　　　　Goods
	0　1　,柑橘类水果,人造黄油,即食汤,半成品面包
	1　2　　　　　　　　　,咖啡,热带水果,酸奶
	2　3　　　　　　　　　　　　　　,全脂牛奶
	3　4　　　　,奶油乳酪,肉泥,仁果类水果,酸奶
	4　5　　　,炼乳,长面包,其他蔬菜,全脂牛奶
	
	⬇
	
	```1 data['Goods'] = data['Goods'].apply(lambda x :x[1:].split(','))``` ```2 data_list = list(data['Goods'])``` ```3 data_list[:5]```
	
	[['柑橘类水果', '人造黄油', '即食汤', '半成品面包'],
	['咖啡', '热带水果', '酸奶'],
	['全脂牛奶'],
	['奶油乳酪', '肉泥', '仁果类水果', '酸奶'],
	['炼乳', '长面包', '其他蔬菜', '全脂牛奶']]

第三步：发现关联规则。①调用 Apriori 算法；②生成关联规则	```1 # 导入 apyori 模块下的 apriori 函数``` ```2 from apyori import apriori``` ```3 results = apriori(data_list, min_support=0.03, min_confidence=0.4)``` ```4 list(results)``` [RelationRecord(items=frozenset({'根茎类蔬菜', '全脂牛奶'}), support=0.048906964921199794, ordered_statistics=[OrderedStatistic(items_base=frozenset({'根茎类蔬菜'}), items_add=frozenset({'全脂牛奶'}), confidence=0.44869402985074625, lift=1.7560309524799398)]), RelationRecord(items=frozenset({'全脂牛奶', '热带水果'}), support=0.04222979156075241 5, ordered_statistics=[OrderedStatistic(items_base=frozenset({'热带水果'}), items_add=frozenset({'全脂牛奶'}), confidence=0.40310077519379844, lift=1.5775949558420244)]), RelationRecord(items=frozenset({'全脂牛奶', '酸奶'}), support=0.05602440264361973, ordered_statistics=[OrderedStatistic(items_base=frozenset({'酸奶'}), items_add=frozenset({'全脂牛奶'}), confidence=0.40160349854227406, lift=1.5717351405345266)]), RelationRecord(items=frozenset({'酸奶油', '全脂牛奶'}), support=0.03223182511438739 4, ordered_statistics=[OrderedStatistic(items_base=frozenset({'酸奶油'}), items_add=frozenset({'全脂牛奶'}), confidence=0.449645390070922, lift=1.759754242478121)]), RelationRecord(items=frozenset({'其他蔬菜', '根茎类蔬菜'}), support=0.04738179969496 6954, ordered_statistics=[OrderedStatistic(items_base=frozenset({'根茎类蔬菜'}), items_add=frozenset({'其他蔬菜'}), confidence=0.43470149253731344, lift=2.2466049285887952)])] ⬇

续表

步　　骤	说　　明
	  |	related_catogory	support	confidence	lift
---	---	---	---	---
4	['根茎类蔬菜']→['其他蔬菜']	0.0470	0.4350	2.2470
3	['酸奶油']→['全脂牛奶']	0.0320	0.4500	1.7600
0	['根茎类蔬菜']→['全脂牛奶']	0.0490	0.4490	1.7560
1	['热带水果']→['全脂牛奶']	0.0420	0.4030	1.5780
2	['酸奶']→['全脂牛奶']	0.0560	0.4020	1.5720	

三、单元总结

1. 讨论

（1）在利用 Apriori 算法进行关联分析时，设置合适的置信度很重要，为什么？

（2）在利用 Apriori 算法进行关联分析时，引进提升度的作用是什么？

2. 小结

关联分析是一种数据挖掘技术，它有助于发现数据集中隐藏的关联关系，从而帮助企业更好地理解客户行为，改善客户体验，提高销售效率。Apriori 算法是一种流行的关联规则学习算法，它可以从大量事务数据中发现频繁项集，并从频繁项集中挖掘关联规则。希望大家在实际工作中熟练使用它、掌握它，为企业带来效益。

四、单元练习

利用 Apriori 算法，对配套资料 data 目录中"5-1-3"文件夹下的数据进行关联分析。

学习单元4　回归分析

任务描述

回归分析（regression analysis）是指确定两种或两种以上变量间相互依赖的定量关系的一种统计分析方法。例如，销售收入与广告投入、效益与成本等的关系，就可以用回归分析来研究。本学习单元将介绍回归分析的一般步骤，以及多种回归分析方法的原理。

1. 掌握回归分析的基本过程。

2. 熟练掌握多种回归分析方法的原理。

一、背景知识

1. 回归分析的概念

回归分析是一种预测性的建模技术，研究的是因变量（目标）和自变量（预测器）之间的关系。它主要利用数据统计原理，通过对大量统计数据进行数学处理后确定这种关系，并将此关系显化为一个相关性较好的"回归"方程（函数表达式），然后利用这个方程外推，预测今后因变量的变化。"回归"一词源自数学家高斯。他指出，如果一组数据点被拟合到一条曲线上，那么这条曲线就是"回归"的曲线。后来，英国著名统计学家弗朗西斯·高尔顿在研究父母身高与儿女身高的关系时，发现儿辈的身高存在着一种向总人口平均身高"回归"的趋势。

2. 回归分析方法分类

回归分析方法种类繁多，其分类的度量标准主要有自变量的个数、因变量的类型，以及回归线的形状。具体来说，有以下几种常见分类。

（1）按自变量多少分类，有一元回归和多元回归。

（2）按因变量的类型分类，有逻辑回归和非逻辑回归。

（3）按回归线的形状分类，有线性回归和非线性回归。

3. 回归分析方法简介

（1）线性回归（linear regression）。线性回归是一种简单直接的建模技术，通过最小二乘法用一条直线（回归线）拟合因变量与自变量之间的关系。它可分为一元线性回归和多元线性回归。

1）一元线性回归。自变量只有一个的线性回归，如下式所示。

$$y=\hat{y}+e=w_0+w_1x+e$$

其中，w_0 表示截距；w_1 表示直线的斜率；e 是误差项，即实际值 y 与预测值 $\hat{y}$ 的差，如图 5-4 所示。

回归是一个优化任务，就是使得预测值和实际值之间的均方误差最小化，即：

$$(w_0^*,\ w_1^*)=\arg\min\sum_{i=1}^{n}e_i^2=\arg\min\sum_{i=1}^{n}(y_i-\hat{y}_i)^2$$

接下来可通过最小二乘法求得 w_0 和 w_1 的最小化参数 w_0^* 和 w_1^*。从图 5-4 中可以看出，线性回归对异常值非常敏感，因此在进行线性回归之前，要对数据进行必要的清洗。

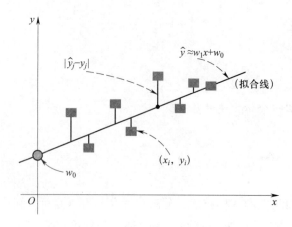

图5-4 线性回归模型示意图

2）多元线性回归。自变量有两个或两个以上的线性回归，如下式所示。

$$y=\hat{y}+e=\boldsymbol{w}^T\boldsymbol{x}+e$$

其中，$\boldsymbol{w}^T=[\,w_0,\ w_1,\ \cdots,\ w_n\,]$；$\boldsymbol{x}^T=[\,1,\ x_1,\ \cdots,\ x_n\,]$。

同样，可以通过最小二乘法求得优化参数，即：

$$\boldsymbol{w}^*=\arg\min\,(y-\boldsymbol{x}\boldsymbol{w})^T\,(y-\boldsymbol{x}\boldsymbol{w})=(\boldsymbol{x}^T\boldsymbol{x})^{-1}\boldsymbol{x}^Ty$$

除此之外，多元线性回归还存在多重共线性问题，因此自变量必须选择最重要、最有代表性的变量。

（2）逻辑回归（logistic regression）。逻辑回归是一个概率模型，预测范围是 $[\,0,1\,]$，其表达式如下式所示。从表达式可以看出，逻辑回归其实就是将线性回归的结果作为输入，再通过一个 sigmoid 函数输出。模型示意图如图 5-5 所示。逻辑回归也是一个优化问题，可以通过交叉熵损失函数或极大似然估计法来求 $\boldsymbol{w}$。

$$y=\frac{1}{1+e^{-w^Tx}}$$

（3）LASSO（the least absolute shrinkage and selection operator）回归。LASSO 回归源于解决多元线性回归中存在的多元共性问题，希望能在众多自变量中选择少量的关键变量，提高算法的稳定性和可解释性。为达此目的，LASSO 回归的损失函数如下式所示。

$$L\,(w)=(y-\boldsymbol{w}^T\boldsymbol{x})^2+\lambda\|\boldsymbol{w}\|_1=\arg\min\,(y-\boldsymbol{w}^T\boldsymbol{x})^2$$

它在线性回归损失函数后加入了一个正则化项，其中，$\|\boldsymbol{w}\|_1$ 为 L1- 范数项，λ 为 L1- 范数的系数；$s.t.\ \sum|\,w_{ij}\,|<s$ 为约束条件，即权重系数矩阵所有元素绝对值之和小于一个指定常数 s，s 取值越小，特征参数中被压缩到零的特征就会越多。LASSO 回归的优化参数可以通过坐标下降法求得。图 5-6 为二元 LASSO 回归示意图。

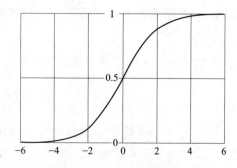

图5-5 逻辑回归模型示意图

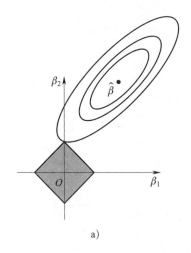 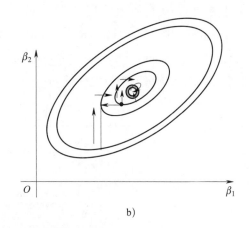

a)   b)

图 5-6　LASSO 回归模型示意图

a）参数估计　b）坐标下降法

（4）岭回归（ridge regression）。岭回归类似于 LASSO 回归，也是一种专用于共线性数据分析的有偏估计回归方法，实质上是一种改良的最小二乘估计法，通过放弃最小二乘法的无偏性，以损失部分信息、降低精度为代价获得回归系数更为符合实际、更可靠的回归方法，对病态数据的拟合要强于最小二乘法。岭回归的损失函数使用 L2- 范数作为正则项，如下式所示。

$$L\ (w)\ =\ (y-\mathbf{w}^T\mathbf{x})\ ^2+\lambda\|\mathbf{w}\|_2=\arg\min\ (y-\mathbf{w}^T\mathbf{x})\ ^2$$

$$s.t.\ \ \sum w_{ij}^{\ 2}<s$$

岭回归模型的示意图如图 5-7 所示。与图 5-6a 比较，可以看出 LASSO 回归的参数解空间与纵坐标轴相交，而岭回归的参数只是接近零但不等于零。相比较而言，岭回归的参数寻优要比 LASSO 回归容易一些，可以直接通过梯度下降法迭代求解。

4. 回归分析的步骤

认识了上述回归方法后，在利用它们解决实际问题时，一般可以遵循以下步骤。

（1）根据预测目标，确定自变量和因变量。

（2）绘制散点图，确定回归模型类型。

（3）估计模型参数，建立回归模型。

（4）对回归模型进行检验。

（5）利用回归模型进行预测。

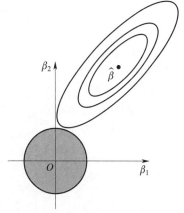

图 5-7　岭回归模型示意图

二、任务实施

本任务通过一个某地区房价预测的案例，来介绍如何进行回归分析。在数据集 California_housing 中，有 8 个特征，分别是 "MedInc" "HouseAge" "AveRooms" "AveBedrms" "Population" "AveOccup" "Latitude" "Longitude"，要求考察各地块的房价中位数与这 8 个特征的关系，找出影响房价中位数的回归方程。具体回归步骤见表 5-5。

表 5-5 回归分析步骤

步　　骤	说　　明
第一步：导入数据集	（见下方代码及表格）

```
1  from sklearn.datasets import fetch_california_housing
2  housing = fetch_california_housing()
3  features = housing.data
4  target = housing.target
5  df_California_housing_features = pd.DataFrame(features,columns=
6                              ['MedInc','HouseAge','AveRooms','AveBedrms',
7                              'Population','AveOccup','Latitude','Longitude'],)
8  df_California_housing_target = pd.DataFrame(target,columns=['MedHouseVal'])
9
10 df_California_housing_features.head()
```

	MedInc	HouseAge	AveRooms	AveBedrms	Population	AveOccup	Latitude	Longitude
0	8.3252	41.0	6.984127	1.023810	322.0	2.555556	37.88	-122.23
1	8.3014	21.0	6.238137	0.971880	2401.0	2.109842	37.86	-122.22
2	7.2574	52.0	8.288136	1.073446	496.0	2.802260	37.85	-122.24
3	5.6431	52.0	5.817352	1.073059	558.0	2.547945	37.85	-122.25
4	3.8462	52.0	6.281853	1.081081	565.0	2.181467	37.85	-122.25

第二步：数据探索。①查看数据类型及缺失值；②查看各特征直方图；③计算各自变量与因变量的相关系数；④查看关键特征

```
1  df_California_housing_features.info()
```
```
<class 'pandas.core.frame.DataFrame'>
RangeIndex: 20640 entries, 0 to 20639
Data columns (total 8 columns):
 #   Column      Non-Null Count   Dtype
---  ------      --------------   -----
 0   MedInc      20640 non-null   float64
 1   HouseAge    20640 non-null   float64
 2   AveRooms    20640 non-null   float64
 3   AveBedrms   20640 non-null   float64
 4   Population  20640 non-null   float64
 5   AveOccup    20640 non-null   float64
 6   Latitude    20640 non-null   float64
 7   Longitude   20640 non-null   float64
dtypes: float64(8)
memory usage: 1.3 MB
```

续表

步　骤	说　明

```
1  df_California_housing_features.hist(figsize=(12, 10), bins=30, edgecolor="black")
2  plt.subplots_adjust(hspace=0.7, wspace=0.4)
```

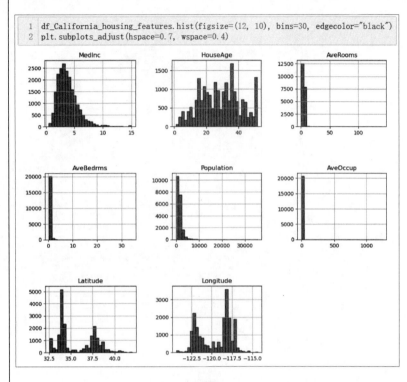

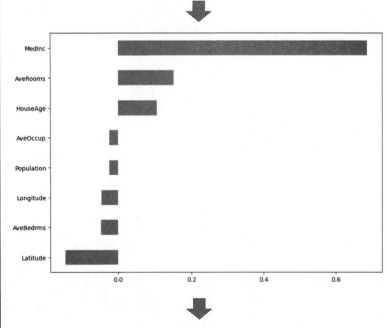

步　骤	说　明
	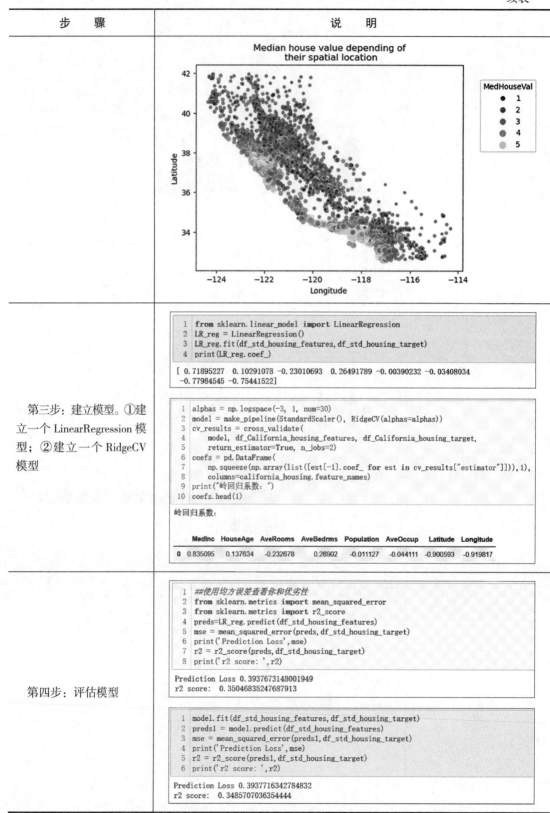

Median house value depending of their spatial location

```
1  from sklearn.linear_model import LinearRegression
2  LR_reg = LinearRegression()
3  LR_reg.fit(df_std_housing_features, df_std_housing_target)
4  print(LR_reg.coef_)
```

```
[ 0.71895227  0.10291078 -0.23010693  0.26491789 -0.00390232 -0.03408034
 -0.77984545 -0.75441522]
```

第三步：建立模型。①建立一个 LinearRegression 模型；②建立一个 RidgeCV 模型

```
1   alphas = np.logspace(-3, 1, num=30)
2   model = make_pipeline(StandardScaler(), RidgeCV(alphas=alphas))
3   cv_results = cross_validate(
4       model, df_California_housing_features, df_California_housing_target,
5       return_estimator=True, n_jobs=2)
6   coefs = pd.DataFrame(
7       np.squeeze(np.array(list([est[-1].coef_ for est in cv_results["estimator"]]))),1),
8       columns=california_housing.feature_names)
9   print("岭回归系数：")
10  coefs.head(1)
```

岭回归系数：

	MedInc	HouseAge	AveRooms	AveBedrms	Population	AveOccup	Latitude	Longitude
0	0.835095	0.137634	-0.232678	0.26902	-0.011127	-0.044111	-0.900593	-0.919817

第四步：评估模型

```
1  ##使用均方误差查看你和优劣性
2  from sklearn.metrics import mean_squared_error
3  from sklearn.metrics import r2_score
4  preds=LR_reg.predict(df_std_housing_features)
5  mse = mean_squared_error(preds, df_std_housing_target)
6  print('Prediction Loss', mse)
7  r2 = r2_score(preds, df_std_housing_target)
8  print('r2 score: ', r2)
```

```
Prediction Loss 0.3937673148001949
r2 score:  0.35046835247687913
```

```
1  model.fit(df_std_housing_features, df_std_housing_target)
2  preds1 = model.predict(df_std_housing_features)
3  mse = mean_squared_error(preds1, df_std_housing_target)
4  print('Prediction Loss', mse)
5  r2 = r2_score(preds1, df_std_housing_target)
6  print('r2 score: ', r2)
```

```
Prediction Loss 0.3937716342784832
r2 score:  0.3485707036354444
```

续表

步　　骤	说　　明
第五步：预测	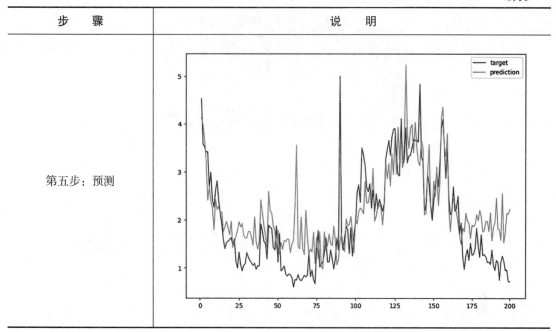

三、单元总结

1. 讨论

（1）回归分析与相关分析都可用来考察变量间存在的某种关系和联系，它们之间有什么不同？

（2）在进行回归分析时，要特别注意其回归模型的有效性。为使回归方程较能符合实际，应该重点关注哪些方面？

2. 小结

在最常用的统计分析方法中：线性回归基于均方误差最小化求解回归系数；逻辑回归以线性回归的结果来模拟真实标签的对数概率，是一种基于概率分布的分类模型；LASSO 回归和岭回归是线性回归的扩展，主要针对多元线性回归存在的多元共线性问题，通过引入 L1- 范数和 L2- 范数，剔除了建模过程中出现的大量不重要的特征，从而找出对目标变量有较强影响的关键特征。总之，这些回归方法虽然在研究方式上有所不同，但其目的都是预测未来的变量值。

四、单元练习

请选择合适的回归分析方法，对配套资料 data 目录中"5-1-4"文件夹下的数据进行回归分析。

课程 5-2

标注数据审核

学习单元 1　标注数据质量检验基础知识

对标注后的数据进行质量检验是数据标注任务质量控制的最后一步，这个步骤是为了发现和纠正数据标注中的错误，提高数据标注的准确率，使标注任务能满足标注项目的交付要求。本学习单元将学习标注数据质量检验的基础知识。

1. 了解标注数据质量检验的作用。
2. 了解标注数据质量检验的基本分类方法。

一、背景知识

在具体标注任务中，由于以下原因会出现标注数据质量欠佳的情况：一是标注数据的准确性难以控制。人工标注不可避免地存在标注人员主观疲劳、数据审核环节质量难以把控等问题；半人工标注时，特征工程或自编码技术对标注数据是有损的，不可避免地会引入标注误差。这两种方法均会面临数据准确性问题。二是标注数据统一性难以保证。不同的标注人员和标注团体存在人工主观判定尺度不一致问题，从技术上也不能保证标注数据尺度统一。三是某些标注服务的技术门槛高。一些特定行业的专业数据（如电信、石油、电力、医疗等）均需要专业人员，标注技术门槛高，相关专业储备不充足的情况下很容易出现标注误差甚至标注错误。

如果标注的数据存在大量误差，则会使输入算法中训练的模型存在预测的偏差，甚至造成模型无法学习到规律，无法发挥算法效果的情况。由于机器学习或者深度学习的算法，在很大程度上依赖数据集的质量，高质量的数据会充分发挥算法的优势，使最终模型训练达到好的效果。相关数据显示，当数据集的整体标注质量只有 80% 的时候，模型训练的效果可能只有 30% ~ 40%。随着数据标注质量逐步提高，模型训练的效果也会快速显现。

为了提高数据集的质量，确保数据标注的准确性，推动数据标注任务的顺利验收，通常会对标注后的数据进行质量检验。标注数据质量检验的方法按照不同的维度，可以分成多种不同的方法。

1. 人工质量检验和自动质量检验

按照是否有人工参与，标注数据质量检验可以分为人工质量检验和自动质量检验。

（1）人工质量检验。人工质量检验由数据审核人员按照数据标注要求和规范，对标注人员标注的所有数据进行人工核对和校验。记录标注错误点，遇到批量型错误及时反馈标注人员，统计审核数量与原因，计算对应标注人员标注准确率，输出审核报告。

（2）自动质量检验。自动质量检验是通过相关软件平台自带的校验工具，对数据审核的校验逻辑和标准进行人工设定后，再通过算法对数据进行智能审核。审核时会根据不同的数据类型，调用相应的算法对人工标注的数据进行全自动或者半自动质量检查。在实际项目中，大多数情况下采用的是机器辅助人工的半自动质量检查方式。一般来说，机器检查输出的准确率并不能完全代表数据的准确率，机器检查后仍然需要人工最后把关，确定是否需要返工，重新标注。

2. 全样质量检验和抽样质量检验

按照是否审核所有数据，标注数据质量检验可以分为全样质量检验和抽样质量检验。

（1）全样质量检验。全样质量检验是对所有标注数据进行检验，它需要质检员对已完成标注的数据集，严格按照数据标注的质量标准进行检验，并对整个数据标注任务的合格情况进行判定。通过全样质量检验合格的数据存放到已合格数据集中等待交付。而不合格的数据标注，需要数据标注员返工，重新标注。全样质量检验方法的优点如下。

1）能够对数据集做到无遗漏检验，最大限度地保证标注数据的质量。

2）可以对数据集进行准确率评估。

全样质量检验的缺点也很明显，该方法项目执行时间长，需要耗费更多的检验时间，一些紧急交付的项目就不能选择该方法。

（2）抽样质量检验。抽样质量检验是在不同类型项目中使用较广泛的检验方法。特别是对于许多数据量比较大的标注项目而言，抽样质量检验是常用方法。

根据抽样对象的类型不同，抽样质量检验可以再分为简单抽样、系统抽样和分层抽样。

1）简单抽样。该方法要求抽样人员客观、随机地并且按照一定概率抽取一定数量的样本。在实际项目中，抽样概率与数量往往来自客户的要求。

2）系统抽样。该方法一般要求每隔一段时间进行检验，然后从抽取的每个时间间隔的数据样本中再进行随机抽样。

3）分层抽样。先将整体标注后的数据按某种特征分为若干层级数据，然后对每一层级进行单纯随机抽样，组成一个样本。分层抽样比单纯随机抽样所得到的结果准确性更高，组织管理更方便，而且它能保证总体中每一层都有标注过的数据个体被抽到。

3. 实时质量检验和非实时质量检验

按照是否在标注过程中进行审核，标注数据质量检验可以分为实时质量检验和非实时质量检验。以下主要介绍实时质量检验。

实时质量检验（见图 5-8）是现场检验和流动检验的一种方式，通常安排在数据标注任务进行过程中，以便能及时发现问题并加以解决。一般情况下，一名质检员需要负责实时检验 5~10 名数据标注员的数据标注工作。在安排数据标注任务阶段，会将数据标注任务以分组方式完成。一名质检员同 5~10 名数据标注员分为一组，一个数据标注任务会分配给若干个小组完成，质检员会对自己所在小组的数据标注员的标注方法、熟练度、准确度进行现场实时质量检验，当数据标注员操作过程中出现问题，质检员可以及时发现，及时解决。为了使实时质量检验更有效地进行，除了将数据标注任务划分给若干个小组完成外，还需要将数据集进行分段标注。当数据标注员完成一个阶段的标注任务后，质检员就可以对此阶段的数据标注进行检验。

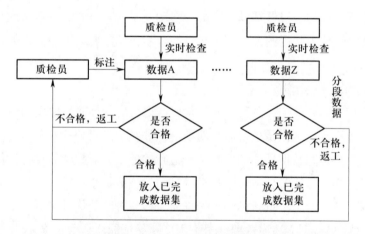

图 5-8　实时质量检验流程图

当数据标注员对分段数据开始标注时，质检员随后就可以开始对数据标注员进行实时质量检验，当一个阶段的分段数据标注完成后，质检员将对该阶段数据标注结果进行检验，如果标注合格就可以放入该数据标注员已完成的数据集中，如果发现不合格，则可以立即让数据标注员进行返工，改正标注。

如果数据标注员对标注存在疑问或者不理解的情况，可以与质检员进行现场沟通，由质检员进行指导，及时发现问题并解决问题。如果在后续标注中同样的问题仍然存在，质检员就需要安排该名数据标注员重新参加数据标注任务培训。

实时质量检验方法的优点包括：能够及时发现问题并解决问题；能够有效减少标注过程中错误的重复出现；能够保证整体标注任务的流畅性；能够实时掌握数据标注任务的进度。

但是，实时质量检验的方法要求数据标注团队有经验丰富的质检员，由其主导把握整个项目的进展。相关质检员除了能对标注任务进行质量把关，还要有一定的团队管理和协调能力。

4. 辅助实时质量检验和辅助全样质量检验

将抽样质量检验方式叠加到实时质量检验和全样质量检验中，就是辅助实时质量检验和辅助全样质量检验。

（1）辅助实时质量检验。当数据标注任务需要采用实时质量检验方法，但质检员与数据标注员的比例失衡，质检员数量不够时，可以采用多重抽样质量检验方法辅助实时质量检验。通过多重抽样质量检验方法，可以减少质检员对质量相对达标的数据标注员的实时质量检验时间，高效地分配质检员的工作时间。

如图 5-9 所示，当数据标注员完成第一个阶段数据标注任务后，质检员会对其第一阶段标注的数据进行检验。如果标注数据全部合格，如图 5-9 中数据标注员 A 与数据标注员 B，则在第二阶段进行实时质量检验时，质检员只需要对数据标注员 A 与数据标注员 B 标注数据的 50% 进行检验。如果发现存在不合格的标注，如图 5-9 中数据标注员 C 与数据标注员 D，则在第二阶段进行实时质量检验时，质检员仍然需要对数据标注员 C 与数据标注员 D 标注的数据进行全样质量检验。在第二阶段的实时质量检验中，数据标注员 A 依然全部合格，则在第三阶段进行实时质量检验时，检验的标注数据较第二阶段再减少 50%。数据标注员 B 在第二阶段的实时质量检验中发现存在不合格的标注，则在第三阶段的实时质量检验中对其标注数据进行全样质量检验。数据标注员 C 在第二阶段的实时质量检验中全部合格，则在第三阶段进行实时质量检验时，检验的标注数据较第二阶段减少 50%。数据标注员 D 在第二阶段的实时质量检验中仍存在不合格的标注，则在第三阶段实时质量检验中对其标注的数据仍需要进行全样质量检验，并且可能需要安排数据标注员 D 重新参加项目的标注培训。

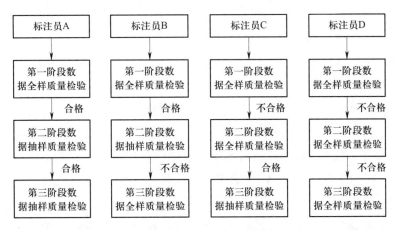

图 5-9 多重抽样质量检验辅助实时质量检验

这种多重抽样检查的辅助实时质量检验，可以让质检员重点检验那些合格率低的数据标注员，能够合理调整质检员的工作重心，让数据标注项目即使在质检员数量不充足情况下，仍然能实行实时质量检验方法。

（2）辅助全样质量检验。多重抽样检查的辅助全样质量检验，是在全样质量检验完成后的一种补充检验方法，主要作用是弥补全样质量检验中的疏漏，提高数据标注的准确率。

如图 5-10 所示，在全样质量检验完成后，要对数据标注员 A 与数据标注员 B 的标注数据先进行第一阶段抽样质量检验。如果全部检验合格（如数据标注员 A），在第二阶段抽样质量检验中检验的标注数据量较第一阶段减少 50%。如果在第一阶段抽样质量检验中发现存在不合格的标注（如数据标注员 B），在第二阶段抽样质量检验中检验的标注数据量较第一阶段增加一倍。

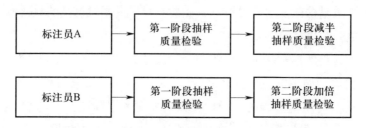

图 5-10　多重抽样质量检验辅助全样质量检验

在多阶段的抽样质量检验中，如果同一数据标注员有两个阶段抽样质量检验存在不合格的标注，则认定此数据标注员标注的数据集为不合格，需要进行重新全样质量检验，并对检验完不合格的数据标注进行返工。如果数据标注员没有或只有一个阶段的抽样质量检验存在不合格的数据标注，则认定该数据标注员的数据标注为合格，该数据标注员只需要改正检验中发现的不合格标注即可。

多重抽样检查的方法，其优点一是能够合理调整质检员的工作重心，二是有效弥补其他检验方法的疏漏，三是提高数据标注质量检验的准确性。但是，多重抽样检查只能辅助其他检验方法，如果单独实施，会出现疏漏。

5. 相互协作质量检验和多轮次质量检验

按照质量检验的人员组织形式，标注数据质量检验可以分为相互协作质量检验和多轮次质量检验。

（1）相互协作质量检验。在提交到质量检验平台进行审核之前，一般数据标注项目内部会先进行自检。针对自检，一部分标注团队会采用相互协作的检查方案，团队内部各个小组间会进行互相检查，各小组的组长会对组内的数据质量负责。互相协作质检完成且合格后，统一提交到项目质检平台进行质检。此环节作为质检工作的首要环节，对提高质检效率和质量保证至关重要。

（2）多轮次质量检验。在项目实施过程中，针对标注场景可设置多轮次质量检验，经过多轮次质量检验的数据结果准确度更高。一般流程可依次分为自检、质检、验收 3 个轮次，在自检和质检环节，分设 3 级质检员：初级质检员、中级质检员和高级质检员。项目组每完成一批数据，均采用相互协作质检的自检方式。协作质检完成后，数据交由质检小组进行质检。质检通过后，将数据交付客户进行验收。

1）自检轮次。该环节由初级和中级质检员来完成质检工作。数据标注员完成标注任务后将数据提交初级质检员，初级质检员发现问题后，可以对数据进行重新标注和修改。中级质检员再发现问题，可以对数据进行重新标注和修改。

2）质检轮次。中级质检员质检合格后，提交高级质检员，即项目质检组。项目质检组对中级质检员质检结果进行最终复核。如合格，则可交付客户进行验收；如质检结果不合格，则直接打回，由数据标注员自行进行修改，并形成质检报告单。

质量报告单又称内部质检报告，用于团队内部分析错误原因。质量报告单样例见表 5-6。

表 5-6　　　　　　　　　　　　　质量报告单样例

质量报告单			
项目名称		平台期数 / 批次	
项目经理		技术支持	
有效数据量		无效数据量	
数据的单位		要求合格量	
自检总结（团队填写）			
自检总量		自检抽检率	
自检不合格数量		自检合格率	
自检员		自检时间	
自检分析			
验收总结			
累计验收次数		验收总量	
验收不合格数量		验收合格率	
验收员		验收时间	
验收分析			
备注			

二、单元总结

1. 讨论

（1）为什么要对标注后的数据进行质量检验？不合格的数据会造成什么后果？

（2）对于不同的标注任务，标注团队应该从哪些方面考虑，从而制定合适的标注数据质量检验方法。

2. 小结

本学习单元介绍了标注数据质量检验的重要性，以及不同质量检验的方法和流程。在实际的标注任务中，要根据项目团队的人员情况、项目时间节点、标注数据特点等具体情况，合理选择不同的数据标注质量检验方法，保证数据标注的质量。数据标注员要努力确保自己标注数据的质量，同时积累标注项目的管理经验，为提升为标注项目审核员和管理员做准备。

学习单元2　图像和视频标注数据质量检验

本学习单元主要介绍图像和视频标注数据质量检验的判定标准，给出了对于不同图像和视频标注类型的评价指标。本学习单元将介绍审核阶段判定图像和视频标注数据是否合格的方法，进而提升图像和视频数据标注的质量。

1. 了解图像和视频标注数据质量检验的评价指标。
2. 掌握图像和视频标注数据是否合格的判定方法。

一、背景知识

图像标注就是对像素点的标注，标注像素点越接近标注物的边缘，标注的质量就越高，算法的训练效果也就越好。

在实际项目中，图像标注质检按照一定的维度，如关键点标注、框标注、区域标注、图像理解标注进行项目分类，不同类别对应不同的评价指标。数据标注员在标注时，要尤其注意关联一致性。例如，在框标注任务中，同一人头部标注框和身体标注框的对象编码要保持一致。又如，在车道区域这种精细标注类项目中，被分割的车道区域对象编码要保持一致。常见图像标注数据质量检验评价指标见表5-7。

由于视频由多帧连续图像组成，所以对像素点的判断指标也是视频数据质量检验的判断指标之一。在此基础上，视频标注质量检验还增加了对于跨帧图像中物体的框选评价，即跨帧框选越准确，视频标注的质量越高。视频数据特有的标注任务，如目标追踪、关键帧标注、情感标注，其标注数据质量检验评价指标见表5-8。

表 5-7　　　　　　　　　　　　图像标注数据质量检验评价指标

任务类型	标注内容	常见类别	评价指标
属性标注	属性类别	分类：车辆的颜色、朝向、车型等	标注类别与实际类别是否一致
关键点标注	关键点数量	打点：人脸 68、72、106 点标注	标注点数量与标注要求是否一致
	标注点位置	打点：标注位置是否准确	标注点位置和正确位置质检的位置差
框选标注	框选数量	画框：框选出目标物体（如人、车）	框选物体数量与实际数量是否一致
	框选类别	选择：2D 框、3D 框	所画框与要求是否一致
	框选位置	画框：2D 框选行人、3D 框选汽车等	框选的误差情况，是否框选了无关像素
	框选目标	画框：框选病灶、特定类别车辆、特定年龄行人等	框选目标与要求目标是否一致
区域标注	区域数量	分割：按照不同类别将图像分割为不同的区域	分割的数量与目标类别是否一致
	颜色数量	选择：不同区域用不同颜色表示	颜色数量与区域数量是否一致
	区域贴合度	分割：分割边缘明确边界	分割误差
图像理解	实体抽取	描述图像中出现的事物	所选实体与事实是否一致
	关系描述	描述：用三元组表示图像中关系	所抽取的三元组是否正确
	内容描述	描述：对实体、行为、状态等内容的描述	描述内容是否有歧义

表 5-8　　　　　　　　　　　　视频标注数据质量检验评价指标

任务类型	标注内容	常见类别	评价指标
连续帧标注	目标追踪	编号：对跨帧的相同目标进行标号	标注类别与实际类别是否一致
	关键帧标注	分类：某一帧是否为关键帧	对每一帧的类别标注是否正确
	情感标注	标注帧间的情绪变化	所标注情感变化是否相同

二、单元总结

1. 讨论

（1）为什么图像和视频的标注数据质量检验需要针对像素点进行判定？

（2）图像标注数据质量检验的评价指标有哪些？

（3）视频标注数据质量检验的评价指标有哪些？

2. 小结

本学习单元介绍了图像和视频标注数据质量检验的评价指标。在具体的图像视频标注任务中，数据标注员可以依据该评价指标提升自身标注技能，减少返工数量，降低返工频率，提升图像和视频标注数据的质量。

学习单元 3　语音标注数据质量检验

本学习单元主要介绍语音标注数据质量检验的判定标准，给出了对于不同语音标注类型的评价指标。本学习单元将介绍审核阶段判定语音标注数据是否合格的方法，以提升语音数据标注的质量。

1. 了解语音标注数据质量检验的评价指标。
2. 掌握语音标注数据是否合格的判定方法。

一、背景知识

语音数据标注项目的错误类型一般分为噪声干扰错误、截取错误、文本错误，以上 3 种错误类型常见于各类语音数据标注项目中。噪声干扰错误是指不符合语音数据标注规范的无效数据被当作有效数据来处理，提交质检后，质检员参照相关质检要求对此类错误进行判别。截取错误是指未按照标注规范截取语音片段，例如，截取时间过长或过短都不符合语音数据标注规范。文本错误常见于多字、少字和错字等语音转写文本中。表 5-9 列出了语音标注错误的原因和处理方法。

表 5-9　　　　　　　　　　语音标注错误的原因和处理方法

语音标注错误类型	具体问题	处理方法
噪声干扰错误	突发噪声	舍去
	持续噪声	算法降噪或舍去
	信号、回声等干扰	舍去
截取错误	截取音频过长、过短或不当	舍去

续表

语音标注错误类型	具体问题	处理方法
文本错误	语音内容错误（读写错误、逻辑错误、语法错误）	舍去
语音无效	口齿不清、结巴、无法理解的方言	舍去
	片段丢失、跳帧	人工不全或舍去
	音量波动、语音失真	舍去

不同的语音标注任务有着不同的质量检验标准，并且语音数据本身对噪声敏感，因此其对环境和内容质量要求较高。表 5-10 列出了语音标注数据质量检验的评价指标。

表 5-10 　　　　　　　　　语音标注数据质量检验评价指标

任务类型	标注内容	常见类别	评价指标
语音识别	语音发出者	编号：对话中存在的人名或编号	人名是否正确，编号是否合理
	内容转写	描述：听到语音内容的文本描述	比较转写内容与实际内容的相似度
	语音切分	打点分割：确定某段音频的起始点时间	切分后的音频是否包含信息
语音合成	文本校对	文本改写：对文本中词汇、语法进行修正	校对后的内容是否顺畅，逻辑是否正确
	文本分词	打点：将文本按照单独实体分割成词	分割能否表现实体以及是否冗余
	音素标记	打点分割：音素的始末点	音素分割是否准确，生成的语音韵律是否合理

二、单元总结

1. 讨论

（1）对于噪声，在语音标注中是怎么处理的？

（2）对于语音识别和语音合成任务，分别有哪些质量检验评价指标？

2. 小结

本学习单元介绍了语音标注数据质量检验的评价指标。在具体的语音标注任务中，数据标注员可以依据该评价指标，提升自身标注技能，减少返工数量，降低返工频率，提升语音标注数据的质量。

学习单元4　文本标注数据质量检验

本学习单元主要介绍文本标注数据质量检验的判定标准，并给出了对于不同文本标注类型的评价指标。本学习单元将介绍审核阶段判定文本标注数据是否合格的方法，以提升文本数据标注的质量。

1. 了解文本标注数据质量检验的评价指标。
2. 掌握文本标注数据是否合格的判定方法。

一、背景知识

文本数据标注是应用比较广泛的标注，其相关的任务类别比较多，并且文本数据标注与其他类型数据标注相比是一种较特殊的标注类别，其不仅仅包含简单的标框标注，还涉及多音字标注、语义标注、翻译等，对数据标注员与质检员的要求也相应提高，其所对应的标注规范也相对复杂。文本标注通过概括和提取文本数据中实体、类别、语义、情感倾向等内容标明文本蕴含的信息，以类别标签表示相关属性等信息，满足客户在模型识别领域研发、测试和产品开发等方面的不同需要。其标注结果需要满足对文本数据的合规性、相关性及自身特有属性的要求，最终得到高质量的文本标注数据。

在文本数据标注中，首先是对语料进行筛选检验，不合格的语料就相当于是一个错误的开始，对后期标注会产生直接的影响。其次需要对语料中涉及的关键词、分词、拼音、数字等类型的内容进行检验，在实际工作中，每个类型都对应有严格的检验条件。最后，针对文本数据标注中的翻译、情感，包括情感的类别与程度进行检验，这些内容都是在文本项目中需要重点检验的对象。常见的文本标注数据质量检验评价指标见表 5-11。

表 5-11　　　　　　　　　文本标注数据质量检验评价指标

任务类型	标注内容	常见类别	评价指标
情感标注	情感类别	分类：快乐、悲伤、激动等	标注类别与真实类别是否一致
	情感程度	分类：轻微、中度、重度等 打分：按 5 分制或 10 分制打分	标注类别与真实类别是否一致，打分与真实情感分数的差异
意图标注	意图类别	分类：请求、命令、确认等	标注类别与真实类别是否一致

任务类型	标注内容	常见类别	评价指标
意图标注	意图主体	选择：人、动物等	所选主体是否正确且全面
	意图内容	描述：对意图内容的描述	标注内容和正确内容的相似度
实体标注	实体类别	分类：人物、地点、天气等	实体分类是否正确
	实体内容	选择：如北京、小明、今天等	实体选择是否正确
语义标注	语义表达的实体标注	实体类别、实体内容	所选实体是否正确、全面
	语义内容	描述：对特定词或短语含义解释	解释文本与真实含义的相似度

二、单元总结

1. 讨论

（1）在文本标注数据质量检验中，情感标注的评价指标是什么？

（2）在文本标注数据质量检验中，语义标注的评价指标是什么？

2. 小结

本学习单元介绍了文本标注数据质量检验的评价指标。在具体的文本标注任务中，数据标注员可以依据该评价指标，提升自身标注技能，减少返工数量，降低返工频率，提升文本标注数据的质量。

智能系统运维

课　　程 6-1

智能系统维护

学习单元1　系统安装部署

任务描述

　　随着互联网技术的发展和需求的不断增加，智能系统的部署从传统的物理服务器时代过渡到了容器化部署时代，容器化部署具有明显的优势。本学习单元将以 Docker 容器为例，介绍容器化部署应用系统的方法。

学习目标

　　1. 熟悉 Docker 基本知识。
　　2. 掌握 Docker 部署应用系统的方法。

一、背景知识

　　Docker 是一个开源的应用容器引擎，它基于 Go 语言开发，可以将应用及其依赖的环境打包到一个轻量级、可移植的容器中，然后发布到任何常用的系统上。

　　Docker 的架构及其相关知识如下。

1. Docker 架构

　　（1）镜像（image）。Docker 镜像相当于一个 root 文件系统。例如，Ubuntu 镜像就包含了完整的一套 Ubuntu 最小系统的 root 文件系统。

　　（2）容器（container）。容器是独立运行的一个或一组应用，是镜像运行后的进程，镜像和容器类似于面向对象程序设计中的类和对象，镜像是静态的定义（如类），容器是镜像运行时的实体（对象）。容器可以被创建、启动、停止、删除、暂停等。

（3）仓库（repository）。仓库可以看成一个代码控制中心，用来保存镜像。Docker 官方在 Docker Hub 中提供了庞大的镜像集合供使用，用户也可以自己上传镜像。

2. Docker 与虚拟机的区别

容器与容器之间只是进程的隔离，但虚拟机是完全的资源隔离；容器虚拟化的是操作系统，虚拟机虚拟化的是硬件。

虚拟机的启动需要的时间是分钟级别的；Docker 启动需要的时间是秒级的，甚至更短。

容器使用宿主操作系统的内核，只能运行同一类型的操作系统；虚拟机使用完全独立的内核，可以运行不同的操作系统。

3. 容器化部署与传统部署的区别

以 Docker 为例，Docker 是能够把应用程序自动部署到容器的开源引擎。

传统的部署模式通常是：先安装系统（包管理工具或者源码包编译），再配置系统，最后运行系统。

Docker 的部署模式是：先复制系统，再运行系统。很显然，容器化部署不需要安装和配置，实现了更轻量级的部署，可以极大地减少部署的时间成本和人力成本。

4. 容器化部署的优势

（1）交付物标准化。Docker 是软件工程领域的"标准化"交付组件，它包含应用程序及其所依赖的运行环境，也常称为"镜像"，就如一个包含"所有"的"集装箱"，可开箱即用。传统的软件交付物一般包括：应用程序、依赖软件安装包、配置说明文档、安装文档、上线文档等非标准化组件。

（2）一次构建，多次交付。类似于集装箱的"一次装箱，多次运输"，Docker 镜像可以做到"一次构建，多次交付"。当涉及应用程序多副本部署或者应用程序迁移时，更能体现 Docker 的价值。一次创建和配置之后，可以在任意地方运行。测试人员可以将容器与持续集成系统结合，在 Pipeline 中自动化地完成集成测试，同时运维人员也可以通过持续部署系统对应用自动完成部署。

（3）应用隔离。正如集装箱可以有效做到货物之间的隔离，使化学物品和食品可以堆砌在一起运输一样，Docker 不仅可以隔离不同应用程序之间的相互影响，而且比虚拟机成本更小。

5. Docker 安装

Docker 可以在 MAC、Windows、CentOS、Ubuntu 等操作系统上运行。本学习单元以 Windows 系统为例，介绍 Docker 的安装与部署。

Docker 镜像相关命令见表 6-1。

表 6-1 Docker 镜像相关命令

命　　令	描　　述
docker images	查看本地所有的镜像
docker search 镜像名称	从 Docker Hub 查找需要的镜像

续表

命　令	描　述
docker pull 镜像名称［：版本号］	从 Docker Hub 下载指定版本镜像到本地，如果版本号未指定，则默认下载最新的版本
docker history 镜像名称	查看指定镜像的创建历史

（1）下载 Docker Desktop。在官方网站选择 Windows 版本下载，如图 6-1 所示。

（2）安装 Docker Desktop。下载后运行安装包，按提示安装即可。

图 6-1　选择 Docker Desktop 版本下载

（3）查看 Docker 版本信息。安装成功后，在命令窗口运行：docker version，如图 6-2 所示。

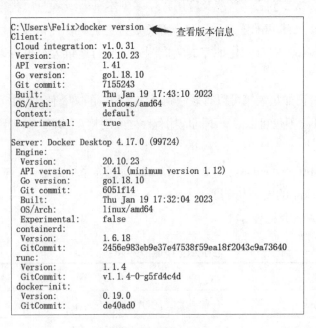

图 6-2　版本信息显示

（4）部署 Docker 示例容器并运行示例系统，如图 6-3 所示。

（5）查看映像文件。运行命令：docker images，如图 6-4 所示。

```
C:\Users\Felix>docker run -d -p 80:80 docker/getting-started
Unable to find image 'docker/getting-started:latest' locally
latest: Pulling from docker/getting-started
c158987b0551: Pull complete
1e35f6679fab: Pull complete
cb9626c74200: Pull complete
b6334b6ace34: Pull complete
f1d1c9928c82: Pull complete
9b6f639ec6ea: Pull complete
ee68d3549ec8: Pull complete
33e0cbbb4673: Pull complete
4f7e34c2de10: Pull complete
Digest: sha256:d79336f4812b6547a53e735480dde67f8f8f7071b414fbd9297609ffb989abc1
Status: Downloaded newer image for docker/getting-started:latest
31fdf9c06dc742e95ff461fea4ab03b0918cd0c16a56c56258d4da66f76b2dce
```

图 6-3　运行 Docker 示例容器

```
C:\Users\Felix>docker images
REPOSITORY              TAG       IMAGE ID       CREATED        SIZE
docker/getting-started  latest    3e4394f6b72f   2 months ago   47MB
```

图 6-4　查看映像文件

（6）访问容器中的示例系统。在浏览器中输入示例系统网址：localhost/tutorial，出现欢迎界面表示系统部署成功，如图 6-5 所示。

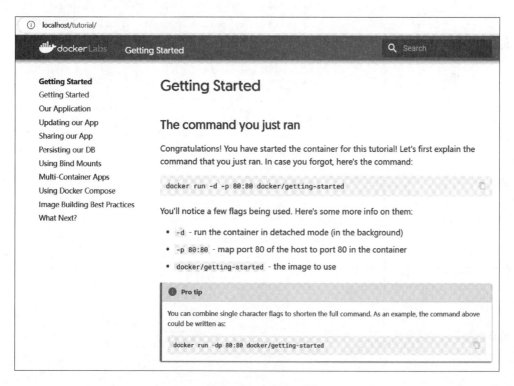

图 6-5　访问示例系统

二、任务实施

项目组开发了一个基于 Flask 的 demo 系统，需要用容器化的方式部署。数据标注员小刘接受了该任务。小刘在学习了 Docker 的基本操作以后，开始准备部署该 demo 系统到 Docker。具体的操作步骤见表 6-2。其中，demo 系统保存的目录为 docker_demo，子目录 app 用于保存应用代码。

表 6-2　　　　　　　　　　　　demo 系统部署步骤

步　　骤	说　　明
第一步：新建虚拟环境	`E:\docker_demo>python -m venv demo` `E:\docker_demo>`

第二步：激活 demo 虚拟环境	`E:\docker_demo>.\demo\Scripts\activate`
	
	管理员：命令提示符
	`(demo) E:\docker_demo>`

第三步：pip 安装 Flask	管理员：命令提示符
	`(demo) E:\docker_demo>pip install Flask`
	`Looking in indexes: https://pypi.tuna.tsinghua.edu.cn/simple`
	`Collecting Flask`
	`  Using cached https://pypi.tuna.tsinghua.edu.cn/packages/95/9c`
	`7348/Flask-2.2.3-py3-none-any.whl`
	`Collecting importlib-metadata>=3.6.0; python_version < "3.10" (`
	`  Using cached https://pypi.tuna.tsinghua.edu.cn/packages/26/a7`
	`aab4/importlib_metadata-6.0.0-py3-none-any.whl`
	`Collecting itsdangerous>=2.0 (from Flask)`
	`  Using cached https://pypi.tuna.tsinghua.edu.cn/packages/68/5f`
	`30ae/itsdangerous-2.1.2-py3-none-any.whl`
	`Collecting Werkzeug>=2.2.2 (from Flask)`
	`  Using cached https://pypi.tuna.tsinghua.edu.cn/packages/f6/f8`
	`a45f/Werkzeug-2.2.3-py3-none-any.whl`

第四步：在 app 目录下建立 app.py，实现 Flask 服务，端口为 8008	`from flask import Flask`
	`app = Flask(__name__)`
	
	`@app.route('/')`
	`def index():`
	`    return "Hello,Docker!"`
	`if __name__ == '__main__':`
	`    app.run(host="0.0.0.0",port=8008,debug=True)`

第五步：测试 demo 服务	`(demo) E:\docker_demo\app>python app.py`
	`* Serving Flask app 'app'`
	`* Debug mode: on`
	`WARNING: This is a development server.`
	`* Running on all addresses (0.0.0.0)`
	`* Running on http://127.0.0.1:8008`
	`* Running on http://192.168.0.104:8008`
	`Press CTRL+C to quit`
	`* Restarting with stat`
	`* Debugger is active!`
	`* Debugger PIN: 879-752-175`

续表

步　　骤	说　　明
第六步：在浏览器中访问 demo 服务	← C ① 127.0.0.1:8008 Hello,Docker!
第七步：在 docker_demo 目录下生成 requirements.txt 文件	(demo) E:\docker_demo>python -m pip freeze > requirements.txt
| 第八步：准备 Dockerfile 文件，保存在 docker_demo 目录下 | ```
FROM python:3.8-slim

EXPOSE 8008

# Keeps Python from generating .pyc files in the container
ENV PYTHONDONTWRITEBYTECODE=1

# Turns off buffering for easier container logging
ENV PYTHONUNBUFFERED=1

# Install pip requirements
COPY requirements.txt .
RUN python -m pip install -r requirements.txt

WORKDIR /app
COPY app/ /app

CMD ["python", "app.py"]
``` |
| 第九步：构建镜像 | ```
(demo) E:\docker_demo>docker build -t docker_demo .
[+] Building 110.8s (12/12) FINISHED
=> [internal] load build definition from Dockerfile
=> => transferring dockerfile: 32B
=> [internal] load .dockerignore
=> => transferring context: 2B
=> [internal] load metadata for docker.io/library/python:3.8-slim
=> [auth] library/python:pull token for registry-1.docker.io
=> CACHED [1/6] FROM docker.io/library/python:3.8-slim@sha256:bfcfb9a202f658772978c454e7296a
=> [internal] load build context
=> => transferring context: 108.39kB
=> [2/6] COPY requirements.txt .
=> [3/6] RUN python -m pip install -r requirements.txt
=> [4/6] WORKDIR /app
=> [5/6] COPY . /app
=> [6/6] RUN adduser -u 5678 --disabled-password --gecos "" appuser && chown -R appuser /app
=> exporting to image
=> => exporting layers
=> => writing image sha256:63616235c34bf496f71c377d2ba30afb90167946e50180a6a868e128acafb164
=> => naming to docker.io/library/docker_demo
``` |
| 第十步：运行容器 | ```
E:\docker_demo>docker run -d --name demo -p 8008:8008 docker_demo
26524d3ce51eb963abd1163177e82928bd33eed14c42b7ac92fe7b3ea3504c5c
``` |
| 第十一步：浏览器中访问 demo 系统 | ← C ① 127.0.0.1:8008

Hello,Docker! |
| 第十二步：查看 Docker Desktop 中的 demo 系统 | |
```

 **小贴士**

1. 构建镜像命令：docker build

docker build：用 Dockerfile 构建镜像的命令，其常用的参数如下。

–t 指定镜像的名字。

–f 显示指定构建镜像的 Dockerfile 文件（Dockerfile 可不在当前路径下）。如果不使用 –f，则默认将上下文路径下的名为"Dockerfile"的文件认为是构建镜像的"Dockerfile"。

上下文路径 URL：指定构建镜像的上下文的路径，构建镜像的过程中，可以且只可以引用上下文中的任何文件。

2. 运行容器命令：docker run

使用 docker run 命令基于镜像运行一个容器，其常用的参数如下。

–d 代表容器在后台运行。

––name 代表别名。

–p 用于配置宿主机与容器的端口映射。

三、单元总结

1. 讨论

（1）请问为什么要采用容器化部署智能系统？

（2）从 Docker Hub 中搜索镜像要用到什么命令？除了示例镜像，请尝试部署一些常用的应用系统，如数据库系统、Web 服务器等。

2. 小结

本学习单元先介绍了 Docker 的基本知识，分析了容器化部署的优势。然后介绍了 Docker 的基本操作命令，并以 Windows 为例，介绍了 Docker 安装以及部署应用的过程。

四、单元练习

熟练操作 Docker 常用命令，练习部署 Docker 的示例系统。参考任务实施，部署配套资料 data 目录中"6-1-1"文件夹下的 demo 系统到 Docker。

学习单元2　系统数据维护

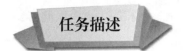

任务描述

在智能系统的运维中，系统数据维护和数据库权限管理是一项重要的工作。本学习单元将介绍用 MySQL Workbench 来操作数据库的方法，以及 MySQL 权限管理相关命令。MySQL Workbench 是 MySQL Server 的客户端软件，其可配置连接各个 MySQL Server 并操作其中的数据库，它为用户提供一个数据库的可视化图形操作界面。

学习目标

1. 掌握 MySQL Workbench 工具执行 SQL 脚本文件。
2. 熟悉 MySQL 权限管理操作。

一、背景知识

数据库管理属于数据库维护的范畴，广义而言，是数据库设计以后的一切数据库管理活动，它包括数据库模型创建、数据加载、数据库系统日常维护等。狭义而言，数据库管理是数据库系统运行期间对数据库采取的活动，包括数据服务、性能监督、数据库重组、数据库重构、数据库完整性控制和安全性控制、数据库恢复等方面。数据库管理的目的是给数据库用户提供一个可用性好、安全可靠、性能优越的数据库环境。

1. MySQL 数据库系统

MySQL 是一个关系型数据库管理系统，由瑞典 MySQL AB 公司开发，属于 Oracle 旗下产品。MySQL 是目前常用的关系数据库管理系统（relational database management system，RDBMS）应用软件之一。

MySQL 将数据保存在不同的表中，而不是将所有数据放在一个大仓库内，这样既提高了速度也增加了灵活性。MySQL 所使用的 SQL 语言是用于访问数据库的最常用的标准化语言。MySQL 软件采用了双授权政策，分为社区版和商业版，由于其体积小、速度快、总体拥有成本低，尤其是开放源码这一特点，使一般中小型和大型网站的开发都选择 MySQL 作为网站数据库。

2. MySQL Workbench 工具

MySQL Workbench 为数据库管理员、程序开发者和系统规划师提供了可视化的 SQL 开发、数据库建模，以及数据库管理等功能。在安装最新 MySQL 时，有是否安装 MySQL Workbench 的选项，可选择安装，也可独立安装 MySQL Workbench。

可在官方网站下载 MySQL Workbench，在下载页面选择对应的操作系统和版本，如图 6-6 所示。

3. MySQL 数据库权限管理

对于数据库运维工作来说，权限管理是一项很关键的工作。root 的权限太大，因此需要创建不同的用户，并给他们不同的访问权限。下面以 Windows 系统为例，介绍 MySQL 的权限管理方法。

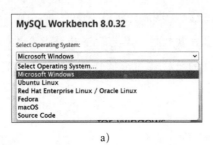

a)

b)

图 6-6　MySQL Workbench 下载

a）选择对应系统　b）下载页面

（1）登录 MySQL。先通过 Win+S 快捷键，输入 cmd，以管理员身份打开命令窗口，如图 6-7 所示。再使用命令 mysql -u root -p 登录数据库，如图 6-8 所示。

图 6-7　以管理员身份打开命令窗口

 **小贴士**

若在 mysql –u root –p 后面加密码，则 –p 和密码之间不能有空格。如密码为 123abc，应写成 mysql –u root –p123abc，否则会报错。

```
管理员: 命令提示符 - mysql -u root -p
Microsoft Windows [版本 10.0.22000.675]
(c) Microsoft Corporation. 保留所有权利。

C:\WINDOWS\system32>mysql -u root -p        输入密码后登录
Enter password: ****
Welcome to the MySQL monitor.  Commands end with ; or \g.
Your MySQL connection id is 12
Server version: 8.0.21 MySQL Community Server - GPL

Copyright (c) 2000, 2020, Oracle and/or its affiliates. All rights reserved.

Oracle is a registered trademark of Oracle Corporation and/or its
affiliates. Other names may be trademarks of their respective
owners.

Type 'help;' or '\h' for help. Type '\c' to clear the current input statement.

mysql>
```

图 6-8　登录 MySQL

（2）创建用户。使用命令 create user test identified by ' 123abc '。其中，test 为新用户的用户名，123abc 为新用户的登录密码。

```
mysql> create user test identified by '123abc';
Query OK, 0 rows affected (0.00 sec)
```

对应的删除用户的命令为 drop user test。

（3）为创建的用户赋予权限。语法如下。

GRANT < 权限 >[, < 权限 >]…[ON < 对象类型 >< 对象名 >]

TO < 用户 > [, < 用户 >] [WITH GRANT OPTION];

若在授权语句中指定了 WITH GRANT OPTION 子句，则获得了权限的用户还可以将该权限赋予其他用户。例如：

GRANT INSERT ON TABLE userDB.user_info TO test WITH GRANT OPTION;

```
mysql> GRANT INSERT ON TABLE userDB.user_info TO test WITH GRANT OPTION;
Query OK, 0 rows affected (0.00 sec)
```

以下命令是将 userDB 数据库的所有权限赋给用户 test，并赋予其所有 IP 远程登录的权限。

GRANT ALL PRIVILEGES ON userDB.* TO ' test ' @ ' % ' ;

其中，userDB 即为指定的数据库，% 表示无论此用户以哪个 IP 操作都是可行的。

```
mysql> GRANT ALL PRIVILEGES ON userDB.* TO 'test'@'%';
Query OK, 0 rows affected (0.01 sec)
```

（4）刷新数据库权限。通过以下命令可刷新数据权限。

flush privileges;

```
mysql> flush privileges;
Query OK, 0 rows affected (0.01 sec)
```

（5）查看用户的权限。通过以下命令查看权限授予执行的命令。

show grants for'test';

```
mysql> show grants for 'test':
+-----------------------------------------------------------------------+
| Grants for test@%                                                     |
+-----------------------------------------------------------------------+
| GRANT USAGE ON *.* TO `test`@`%`                                      |
| GRANT ALL PRIVILEGES ON `userdb`.* TO `test`@`%`                     |
| GRANT INSERT ON `userdb`.`user_info` TO `test`@`%` WITH GRANT OPTION |
+-----------------------------------------------------------------------+
3 rows in set (0.00 sec)
```

可以看出，test 用户已经拥有了对 userDB 数据库的所有权限。

（6）删除指定用户的权限。删除用户权限可以通过语句 revoke 完成。

revoke permission on'database','tables'from'username'@'host';

收回用户 test 远程访问 userDB 权限，只能以 192.168.1.* 访问，如：

revoke drop on userDB.* from'test'@'192.168.1.%';

（7）添加指定用户的权限。例如，给用户 test 添加对 faceDB 数据库的访问权限，命令如下。

grant all privileges on faceDB.* to'test'@'%';

（8）修改用户密码。例如，将用户 test 的本地密码改为 888888，命令如下。

alter user'test'@'localhost'identified by'888888';

二、任务实施

数据库的管理对智能系统的运维人员来说是一项重要任务，除了系统数据的维护外，还需要对数据库用户的权限进行管理。本任务要求在数据库中使用 SQL 脚本文件来创建数据库、数据表。数据标注员小刘认真学习了本学习单元的相关知识，准备通过以下步骤完成任务，见表 6-3。

表 6-3　　　　　　　　　　使用 SQL 脚本创建数据库与数据表

步　骤	说　明

第一步：准备 SQL 脚本文件 userDB.sql	```#创建数据库
	CREATE DATABASE IF NOT EXISTS `userDB`;
	USE `userDB`;
	
	DROP TABLE IF EXISTS `user_info`;
	
	#创建数据表
	CREATE TABLE `user_info` (
	  `id` int NOT NULL,
	  `name` varchar(20) DEFAULT NULL,
	  `sex` varchar(5) DEFAULT NULL,
	  `age` int DEFAULT NULL,
	  `weight` float DEFAULT NULL,
	  `hight` float DEFAULT NULL,
	  PRIMARY KEY (`id`)
	) ENGINE=InnoDB DEFAULT CHARSET=utf8;
	
	#添加记录
	insert into `user_info`(`id`,`name`,`sex`,`age`,`weight`,`hight`) values
	(1,'张三','男',23,75.0,172),
	(2,'李四','女',21,58.0,160),
	(3,'王五','女',22,56.0,158);```

步　　骤	说　　明
第 二 步： 在 MySQL Workbench 中连接数据库	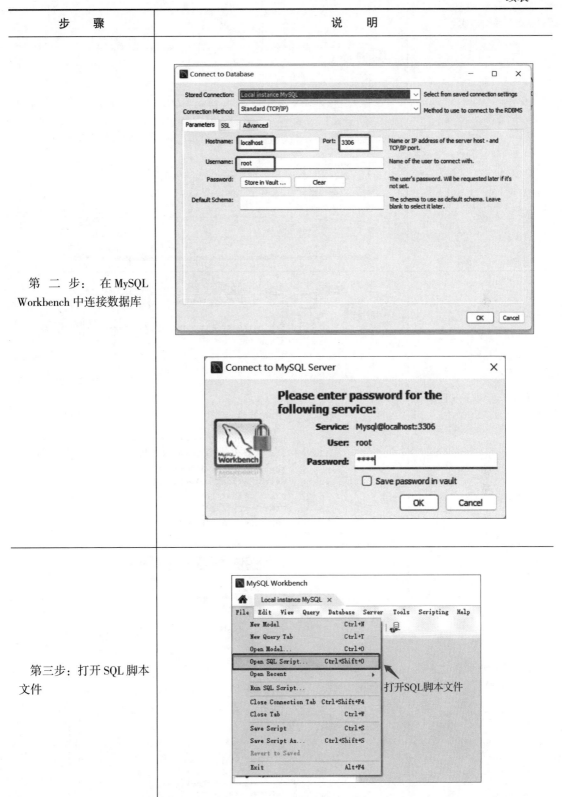
第三步：打开 SQL 脚本文件	

步　骤	说　明
	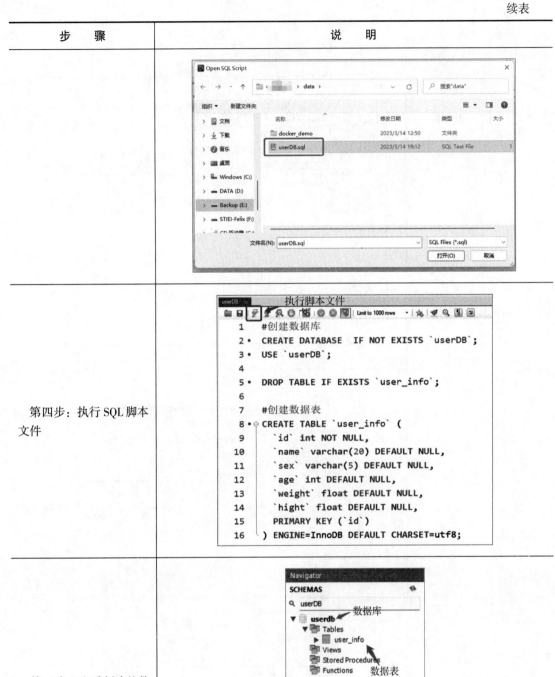
第四步：执行 SQL 脚本文件	
第五步：查看创建的数据库与数据表	

续表

步　　骤	说　　明
第六步：查看创建成功的数据表记录	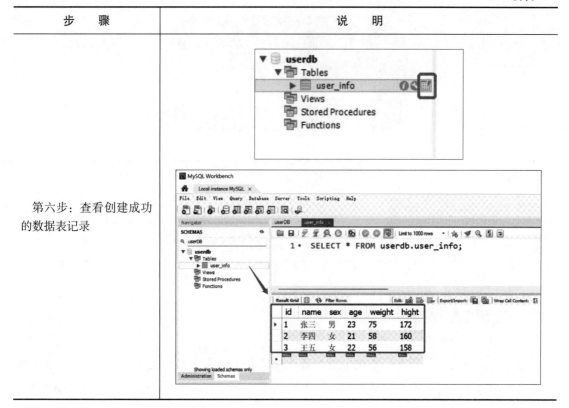

三、单元总结

1. 讨论

（1）请描述 userDB.sql 文件里的创建数据库和创建表分别使用了什么语句？

（2）请简要说明为什么不能使用 root 用户来操作数据库？

（3）在 MySQL 数据库中使用哪个命令来创建与删除用户？

2. 小结

本学习单元介绍了智能系统运维中需要了解的数据维护相关知识，并以 MySQL 为例，讲解了操作数据库和数据表的方法。需要重点掌握的是使用 SQL 脚本文件来操作数据库。除此之外，本学习单元还详细介绍了数据库的权限管理操作相关的命令。请大家多多练习，理解每一个操作细节。

四、单元练习

1. 练习用的 SQL 脚本文件位于配套资料 data 目录中"6-1-2"文件夹下，请使用 MySQL Workbench 导入 SQL 文件并执行。

2. 练习本学习单元中的 MySQL 的用户管理命令，并验证操作结果是否有效。

课　程 6-2

智能系统优化

学习单元 1　系统运维分析

在智能系统运维过程中，系统运维分析是改进和优化系统不可缺少的环节之一，需要大家在实践工作中不断学习，积累经验，从数据的角度来观察系统运行情况，并思考分析出系统可能存在的问题。本学习单元将通过配置 Excel 的分析工具，介绍分析数据的方法。

1. 掌握常用的数据分析思维方式。
2. 熟悉常用分析工具的配置与使用。

一、背景知识

在实际的运维环节中，常常需要对智能系统采集的运维数据进行分析。下面介绍几种常用的数据分析思维方法。

1. 常用的数据分析思维

（1）对比思维。对比是重要的思路，在现实中用得很多。例如，对智能系统、业务数据的监控等，通过与历史数据对比就可很方便地发现问题。

（2）维度拆分思维。在数据分析时，当经过对比发现问题，需要找出原因时，就需要用到维度拆分思维。例如，在智慧交通的应用中，可以将时间进一步细分为不同时间段，并观察其带来的影响（如白天／黑夜／反光／过曝等）。在端侧可考察部署逻辑与场景匹配的影响（如道路／机场／高速场景等）。还可考察不同天气因素带来的影响（如大风／下雪／下雨／大雾等），以及"人机非"产生的影响（如车辆大角度/模糊车牌/非机动车属性小目标/车辆跟踪连续性等）。可见维度拆分能帮助数据标注员更方便地找到问题的细节。拆分思维是数据标注员必须掌握的思维方式之一。

（3）降维和增维思维。这是一组相对思维，通过减少或增加维度来对数据进行分析。降维和增维通常是在对数据的意义有了充分了解后，为了方便分析，有目的地对数据进行适当转换。

2. Excel 数据分析工具配置

在使用 Excel 的数据分析工具前，要先对其进行配置。下面以 Excel 2016 为例，介绍其配置过程，具体操作步骤见表 6-4。

表 6-4　　　　　　　　　　　Excel 2016 的数据分析工具配置

步　骤	说　明
第一步：用快捷方式打开 Excel 2016	
第二步：选择"文件"菜单	
第三步：在"文件"菜单中选择"选项"	
第四步：在 Excel 选项窗口中选择"加载项"中的"分析工具库"，单击"转到"	

步　　骤	说　　明
第五步：在"加载项"对话框中勾选"分析工具库"	
第六步：在"数据"选项卡下可见"数据分析"工具了，配置完成	

二、任务实施

在某智能系统运行过程中，数据标注员小刘通过系统运行日志，记录了每日的算法识别量，如图 6-9 所示。本任务要求对算法识别量进行排位分析，并给出相应报告。小刘在学习了本学习单元的相关知识后，打算利用 Excel 来完成此分析任务，具体步骤见表 6-5。

日期	识别量
3月1日	2642
3月2日	3094
3月3日	2996
3月4日	7206
3月5日	8743
3月6日	4951
3月7日	4404
3月8日	4259
3月9日	3002
3月10日	8884
3月11日	3217
3月12日	9566
3月13日	9643
3月14日	4161
3月15日	6620

图 6-9　算法识别量统计数据表

表6-5　　　　　　　　　　　　　　对算法识别量进行排位的步骤

步　　骤	说　　明
第一步：单击"数据"菜单中的"数据分析"按钮，在打开的"数据分析"对话框中选择"排位与百分比排位"，单击"确定"	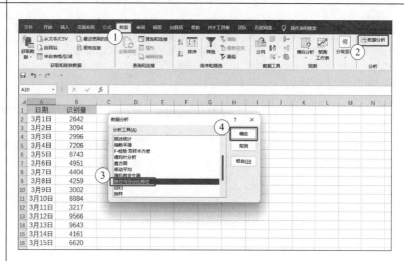
第二步：在"排位与百分比排位"对话框中设置相关参数后，单击"确定"	
第三步：显示识别量排位情况	

	A	B	C	D	E	F	G
1	日期	识别量		点	识别量	排位	百分比
2	3月1日	2642		13	9643	1	100.00%
3	3月2日	3094		12	9566	2	92.80%
4	3月3日	2996		10	8884	3	85.70%
5	3月4日	7206		5	8743	4	78.50%
6	3月5日	8743		4	7206	5	71.40%
7	3月6日	4951		15	6620	6	64.20%
8	3月7日	4404		6	4951	7	57.10%
9	3月8日	4259		7	4404	8	50.00%
10	3月9日	3002		8	4259	9	42.80%
11	3月10日	8884		14	4161	10	35.70%
12	3月11日	3217		11	3217	11	28.50%
13	3月12日	9566		2	3094	12	21.40%
14	3月13日	9643		9	3002	13	14.20%
15	3月14日	4161		3	2996	14	7.10%
16	3月15日	6620		1	2642	15	0.00%

步　骤	说　明
第四步：设置 C2 单元格格式为"日期"格式，单击"确定"	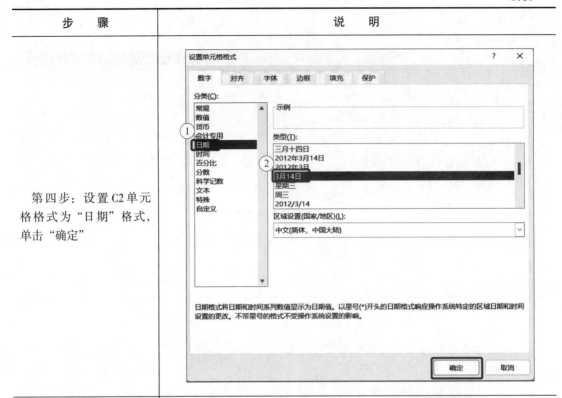
第五步：在 C2 单元格输入公式：=INDEX（A：A，D2+1），复制到 D3 至 D16 单元格。得到最终的识别量排位报告	见下表

C 日期	D 点	E 识别量	F 排位	G 百分比
3月13日	13	9643	1	100.00%
3月12日	12	9566	2	92.80%
3月10日	10	8884	3	85.70%
3月5日	5	8743	4	78.50%
3月4日	4	7206	5	71.40%
3月15日	15	6620	6	64.20%
3月6日	6	4951	7	57.10%
3月7日	7	4404	8	50.00%
3月8日	8	4259	9	42.80%
3月14日	14	4161	10	35.70%
3月11日	11	3217	11	28.50%
3月2日	2	3094	12	21.40%
3月9日	9	3002	13	14.20%
3月3日	3	2996	14	7.10%
3月1日	1	2642	15	0.00%

三、单元总结

1. 讨论

（1）请简要描述常用的数据分析思维有哪些。

（2）在排位任务中，INDEX 函数及其参数的含义是什么？

2. 小结

在日常系统运维中，对系统数据进行分析是改进和优化系统的关键任务，也是职业能力的重要体现。本学习单元介绍了数据分析思维的几种常用方式，并结合 Excel 分析工具，讲解了对数据进行分析的步骤。请大家不断学习和积累，逐步提升自己分析问题、解决问题的能力。

四、单元练习

练习用数据文件位于配套资料 data 目录中 "6-2-1" 文件夹下，请在 Excel 2016 中配置分析工具，并对数据文件进行排位操作。

学习单元 2　系统配置优化

对于智能系统，通常会有一些参数需要配置，而系统参数配置的质量对智能系统的性能有重大影响。我们可以通过数据分析来优化系统参数配置。本学习单元将介绍数据分析工具的使用，并以 Excel 分析工具为例，介绍使用分析工具库对数据进行直方图分析的方法，从而优化系统的配置参数。

1. 掌握分析工具的使用方法。
2. 掌握利用分析工具来优化系统参数配置的方法。

一、背景知识

1. 直方图分析方法

在统计学中，描述统计是通过图表和一些统计方法对数据进行整理和分析，进而对数据的分布状态、数据特征及随机变量之间的关系进行估计和描述。描述统计通常可分为集中趋势分析、离中趋势分析和相关分析。在描述统计中，图形相对于表来说，可以更加直观地展示变量的分布情况。

直方图是用于展示数据分组分布状态的一种图形，它用矩形的宽度和高度表示频数分布，用横轴表示数据分组，用纵轴表示频数。通过直方图，能直观地看出数据的分布形状和离散程度。

2. 用直方图分析人脸识别算法相似度案例

在人脸识别系统的运维中，可以利用数据分析方法来优化智能系统的参数设置。例如，人脸识别算法中有一个重要的参数是人脸之间的相似度阈值，它用来衡量两张人脸图像之间的相似程度，用 0 到 100 来表达，数值越大，意味着人脸越相似。通常算法会设定一个默认阈值，如 80，说明相似度达到 80 就判定为同一个人。在实际工作中，我们可通过采集系统运行过程中的对比数据，用直方图来分析参数的分布，找到更优的阈值。

二、任务实施

某人脸识别门禁系统在客户现场部署以后，小王在运维过程中发现了一个问题，系统会经常出现比对不通过的情况。对于这个问题，小王仔细阅读了产品使用手册，注意到系统配置中的人脸相似度参数默认阈值是 80，说明这个参数的设置需要优化。小王了解本学习单元的相关知识后，打算通过以下步骤，对系统识别的数据进行直方图分析，找到一个适合客户现场的优化参数，具体操作步骤见表 6-6。

表 6-6　　　　　　　　　　用 Excel 分析工具的直方图优化参数

步　骤	说　明
第一步：获得人脸相似度数据表	<table><tr><td></td><td>A</td><td>B</td><td>C</td></tr><tr><td>1</td><td>抓拍图</td><td>证件图</td><td>相似度</td></tr><tr><td>2</td><td>face1.jpg</td><td>id1.bmp</td><td>99</td></tr><tr><td>3</td><td>face2.jpg</td><td>id2.bmp</td><td>80</td></tr><tr><td>4</td><td>face3.jpg</td><td>id3.bmp</td><td>90</td></tr><tr><td>5</td><td>face4.jpg</td><td>id4.bmp</td><td>91</td></tr><tr><td>6</td><td>face5.jpg</td><td>id5.bmp</td><td>90</td></tr><tr><td>7</td><td>face6.jpg</td><td>id6.bmp</td><td>90</td></tr><tr><td>8</td><td>face7.jpg</td><td>id7.bmp</td><td>70</td></tr><tr><td>9</td><td>face8.jpg</td><td>id8.bmp</td><td>90</td></tr><tr><td>10</td><td>face9.jpg</td><td>id9.bmp</td><td>83</td></tr><tr><td>11</td><td>face10.jpg</td><td>id10.bmp</td><td>90</td></tr><tr><td>12</td><td>face11.jpg</td><td>id11.bmp</td><td>90</td></tr><tr><td>13</td><td>face12.jpg</td><td>id12.bmp</td><td>61</td></tr><tr><td>14</td><td>face13.jpg</td><td>id13.bmp</td><td>90</td></tr><tr><td>15</td><td>face14.jpg</td><td>id14.bmp</td><td>78</td></tr><tr><td>16</td><td>face15.jpg</td><td>id15.bmp</td><td>90</td></tr><tr><td>17</td><td>face16.jpg</td><td>id16.bmp</td><td>55</td></tr><tr><td>18</td><td>face17.jpg</td><td>id17.bmp</td><td>69</td></tr><tr><td>19</td><td>face18.jpg</td><td>id18.bmp</td><td>99</td></tr><tr><td>20</td><td>face19.jpg</td><td>id19.bmp</td><td>95</td></tr><tr><td>21</td><td>face20.jpg</td><td>id20.bmp</td><td>50</td></tr><tr><td>22</td><td>face21.jpg</td><td>id21.bmp</td><td>90</td></tr><tr><td>23</td><td>face22.jpg</td><td>id22.bmp</td><td>80</td></tr><tr><td>24</td><td>face23.jpg</td><td>id23.bmp</td><td>70</td></tr><tr><td>25</td><td>face24.jpg</td><td>id24.bmp</td><td>82</td></tr></table>

续表

步 骤	说 明
第二步：设置直方图分段区间。本任务设置为40、50、60、70、80、90、100	
第三步：单击"数据"菜单中的"数据分析"按钮	
第四步：在"数据分析"对话框中选择"直方图"	
第五步：在"直方图"对话框中设置相关参数。设置"输入区域"和"输出区域"等，选择"标志"和"图表输出"选项	

续表

步　骤	说　明
第六步：生成输出表和直方图	
第七步：参数分析	通过直方图分析客户现场的人脸相似度，是阈值设定的参考方法之一。 从该案例可以看出，人脸相似度的分布相对集中在 81 ~ 90。将人脸相似度阈值设定在 60，可以在不显著降低系统识别准确度的同时，增加系统对人脸识别的容错性，使系统具有强的鲁棒性，从而提升客户的使用体验。当然根据经验也可以设在 70 或 80。总之，阈值的设定可根据客户的要求来调整

小贴士

通过参数分布可以进一步进行优化分析。

1. 收集比对失败的样本（将相似度低于 60 的样本图片提取出来）。

2. 对失败的样本进行图像分析，找到具体的原因（如成像问题、人脸误检，或其他原因）。

3. 与项目组的算法工程师进行沟通，反馈分析的情况。

三、单元总结

1. 讨论

（1）如何使用 Excel 分析工具进行系统参数的优化配置？请举例说明。

（2）用直方图进行分析参数分析的时候，如何设置分段点？

2. 小结

本学习单元介绍了数据分析中常用的直方图分析方法，并通过人脸识别案例说明使用直方图分析法优化系统配置参数的步骤。本学习单元还详细讲述了 Excel 分析工具中的直方图的使用，请大家熟练掌握。

四、单元练习

练习用数据文件位于配套资料 data 目录中"6-2-2"文件夹下，请使用 Excel 直方图分析工具进行分析并画出参数的分布直方图，尝试对参数的设置进行优化。

附　件

专业数据服务平台典型案例

随着人工智能技术的不断发展，数据标注已逐渐成为很多企业和机构不可或缺的业务需求。需求的不断增长，催生了许多数据服务公司。下面我们以"奥鹏数据"和"整数智能"为例，介绍数据服务行业的两个专业数据服务平台。

案例一　奥　鹏　数　据

澳鹏（Appen）公司是一家在全球范围内开展人工智能训练数据服务的企业，成立于1996年。公司依托全球专家资源以及百万众包，具有235种以上语言或方言，以及专业的2D、3D数据服务的能力。凭借多年海外平台实践，澳鹏公司打造了适合中国本土行业特点的"高精度人工智能辅助数据标注平台"——MatrixGo，其平台功能架构图如图附-1所示。该平台拥有强大的产品技术攻关能力、高效的项目管理水平及百万级众包资源，可通过软件

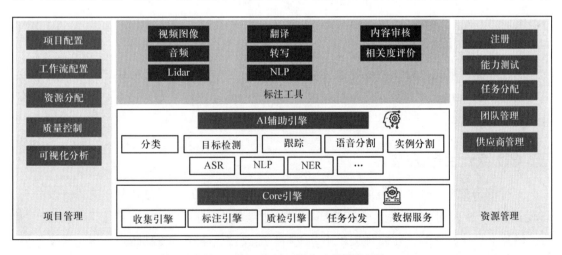

图附-1　MatrixGo 平台功能架构图

运营服务或私有化部署的方式为客户提供数据服务。公司目前已助力全球 7 500 多个人工智能项目的研发及商业化。

在 MatrixGo 平台中，有许多为不同场景定制的标注工具箱，使标注工具本身更加精细易用。另外，MatrixGo 平台在数据分发流转、数据标注质量控制、项目管理等方面也进行了很多建设，可提供全方位一站式数据解决方案。下面简单介绍 MatrixGo 平台提供的主要工具。

一、2D 点、线、框复合标注和语义分割

支持点、线、矩形框、多边形框组合标注；支持合并、共享边、像素辅助框、修改分类、修改 ID、开关填充色、调整填充色透明度、调整图片参数、修改图层、定义对象之间的关系、边界超出检查、显示图形顶点及序号、序号起始数字、图形填充透明度等；支持自定义属性表单，属性表单中支持单选、多选、文本框、级联选择等多种元素；不同帧间可以复制粘贴实现连续帧目标跟踪。2D 图像的标注结果如图附 -2 所示。

图附 -2　2D 图像标注结果

二、通用视频目标追踪

可线性插值填充过程帧，可配置属性，支持多分类、多实例、多模块定义的复杂对象，批量修改、对换 ID，单对象小图平铺模式，多对象时间轴概览，支持最小交付粒度的质检，并支持渐进式加载。

三、3D 点云目标跟踪

支持单击拉框（每个分类可预设框大小）、拖拽拉框。在辅助功能中，支持修改分类、修改 ID、3D 映射到 2D 图片（可以选择在图片中映射 2D 框还是 3D 框）、删除、撤销、重做、图片上显示标签等。在属性表单中，支持自定义属性表单，支持单选、多选、文本框、级联选择等多种元素。在连续帧标注中，可以连续跟踪标注多帧，不同帧之间可进行复制粘贴、线性差值、帧对比等功能。3D 点云目标跟踪界面如图附 -3 所示。

图附 -3　3D 点云目标跟踪界面

四、3D 点云语义分割

标注方法包括多边形标注、画笔标注、按点标注。辅助功能包括擦除、锁定、隐藏、删除、调整点大小、点云自动映射到 2D 图片、撤销、重做、调整点透明度。支持自定义属性表单，属性表单中支持单选、多选、文本框、级联选择等多种元素。可以跟踪标注连续帧，也可自动辅助标注车道线。3D 点云语义分割操作界面如图附 –4 所示。

五、长语音 / 视频切分转写

在波形图操作方面，可支持放大或缩小波形图、波形图导航。播放模式支持循环播放片段、单次播放片段、连续播放整个音频，支持设置播放速度，支持同时播放视频。片段操作支持在波形图上单击、拖拽分割片段，支持片段导航、合并片段等操作，支持在波形图上划选并切割出需要的片段并舍弃剩余片段。转写功能支持自定义标签，支持转写多人重叠对话。

六、通用关键点标注工具

可通过配置标签定义标注场景（如人脸关键点、人体关键点、猫脸关键点等）；支持一个类别多实例；支持一个实例多组件；支持固定数量或不定数量的组件；支持拉框标注；可按区域定义关键点规则，包括重要参考点、普通点，以及 ID ；可自定义点之间的连线结构；可自动填槽并保持距离均分，也可以指定填槽；可设置点半径、线宽度；可显示隐藏点标签；支持保存中间结果。通用关键点标注工具的可自定义的场景标签如图附 –5 所示。

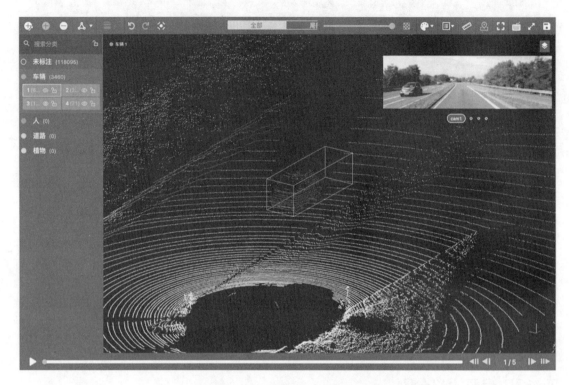

图附 -4　3D 点云语义分割操作界面

				导出当前配置	导入外部配置
脸部轮廓	序号区间 0-32	关键序号 0,8,16,24,32		编辑	删除
左眉	序号区间 33-46	关键序号 33,40		编辑	删除
右眉	序号区间 47-61	关键序号 47,55		编辑	删除
左眼	序号区间 62-83	关键序号 62,73		编辑	删除
右眼	序号区间 84-105	关键序号 84,95		编辑	删除
左眼球	序号区间 106-111	关键序号 111		编辑	删除
右眼球	序号区间 112-117	关键序号 117		编辑	删除
鼻子	序号区间 118-145	关键序号 118,121,124,125,135,145		编辑	删除
上嘴唇	序号区间 146-179	关键序号 146		编辑	删除
下嘴唇	序号区间 180-209	关键序号 187,195,202,209		编辑	删除
左法令纹	序号区间 210-216	关键序号 210,213,216		编辑	删除
右法令纹	序号区间 217-223	关键序号 217,220,223		编辑	删除

标签　属性

添加标签

图附 -5　通用关键点标注工具的可自定义的场景标签

案例二　整　数　智　能

　　整数智能公司致力于为人工智能领域企业及科研院提供数据服务。目前，公司已合作海内外顶级科技公司与科研机构 200 余家，拥有知识产权数十项，多次参与人工智能领域的标准与白皮书撰写。

　　整数智能提供了智能数据工程平台（ABAVA Platform）与数据集构建服务（ACE Service），能满足智能驾驶、AIGC（人工智能生成内容）、智慧医疗、智能安防、智慧城市、工业制造、智能语音和公共管理等数十个应用场景的数据需求。下面简单介绍 ABAVA 平台的优势。

一、全域覆盖，专业的数据标注工具套件

　　该套件中包含了针对图像、音频、点云、文本等数据的 2D、3D 工具，以及其他 4D 和多模态标注工具，如图附 −6 所示。

图附 −6　全域覆盖的专业数据标注工具

二、提效降本，AI 赋能数据工程自动化

　　ABAVA 平台不仅可以提供多终端的标注工具，如网页端、移动端和小程序端等，还可通过人工智能辅助工具提升标注效率，特别是其智能审核模块能在保证数据标注质量的前提下，大幅度提高审核效率，减少人力审核的成本浪费，如图附 −7 所示。

图附 -7　智能审核

三、时间复利，可迭代升级的模型能力

ABAVA 平台中的 AIPower 闭环系统旨在积累时间复利，实现标注算法的自我迭代和自我强化，也就是说，用户不仅可以从 0 到 1 完成自己标注模型的训练，还可以借助平台不断迭代自己的模型，进行智能标注，提高标注质量，如图附 -8 所示。

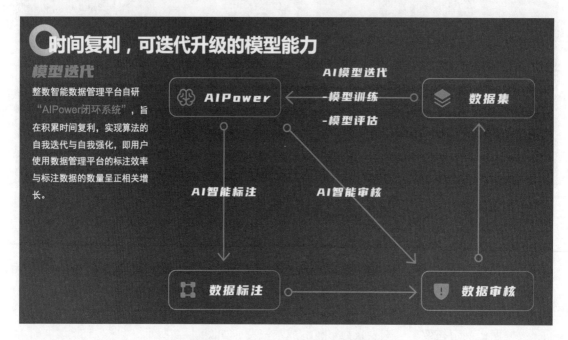

图附 -8　AIPower 闭环系统示意图

四、轻松管理，覆盖数据生产全流程的管理功能设计

ABAVA 平台设计了覆盖数据生产全流程的管理模块，实现标注过程的轻松管理。

1. 批次报告

该模块能精准定位错误问题，既可查看历史验收的详细数据，也可进行判错原因分类统计，有助于提高标注准确率，如图附 –9 所示。

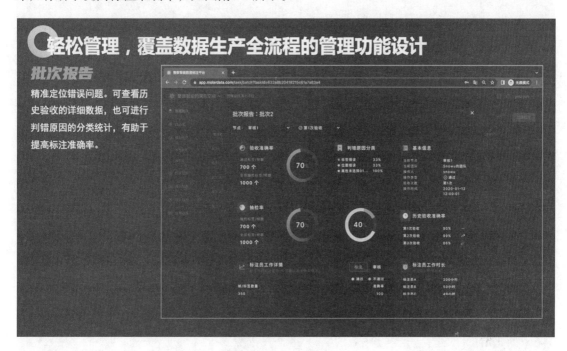

图附 –9　批次报告

2. 标签级审核

该模块针对连续帧任务的审核判错可精准定位至帧和标签属性，审核节点可追踪判错标签的修改进度，实现审核、修改双提效，如图附 –10 所示。

3. 统计分析

数据管理平台会根据任务的多维度指标，自动生成统计分析报告。管理者可以对任务进度、团队效率等情况进行浏览分析，并支持多种格式导出报告，助力用户对数据生产经营的全流程管控，如图附 –11 所示。

人工智能训练师（数据标注员）（五级　四级）
RENGONG ZHINENG XUNLIANSHI（SHUJU BIAOZHUYUAN）（WUJI　SIJI）

图附 -10　标签级审核

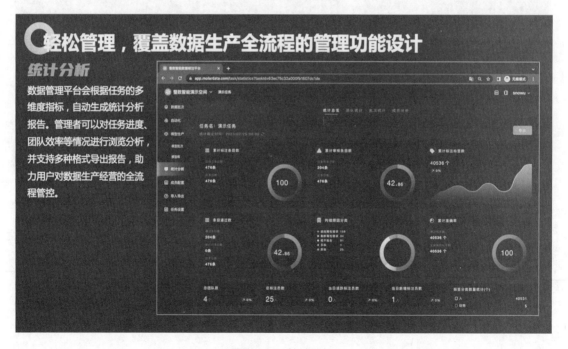

图附 -11　统计分析

参 考 文 献

中华人民共和国人力资源和社会保障部.人工智能训练师：GZB 4-04-05-05［S］.北京：中国劳动社会保障出版社，2021.

国家市场监督管理总局.信息技术　大数据　数据分类指南：GB/T 38667—2020［S］.北京：中国标准出版社，2020.

中华人民共和国国家质量监督检验检疫总局.国民经济行业分类：GB/T 4754—2017［S］.北京：中国标准出版社，2017.

俞永飞，丁俊美，盛楠，等.数据标注技术［M］.北京：中国水利水电出版社，2022.

王会珍，郑爽.数据标注实训［M］.北京：电子工业出版社，2022.

孙海龙，杨晴虹，陈尚义，等.群智化数据标注技术与实践［M］.北京：北京航空航天大学出版社，2022.

联合国教科文组织 ICEE 未来科技教育基地.数据标注应用教程［M］.济南：济南出版社，2022.

聂明，齐红威.数据标注工程：概念、方法、工具与案例［M］.北京：电子工业出版社，2021.

刘欣亮，韩新明，刘吉.数据标注实用教程［M］.北京：电子工业出版社，2020.

刘鹏，张艳.数据标注工程［M］.北京：清华大学出版社，2019.

jionlp 数据分析.Python 版 NLP 文本清洗工具［EB/OL］.（2022-07-26）［2023-05-30］.https://blog.csdn.net/dongrixinyu/article/details/120245042.

junode.NLTK 工具简单使用与文本清洗［EB/OL］.（2020-04-30）［2023-05-30］.https://zhuanlan.zhihu.com/p/137402283.

谦行看商业.NLTK 文本预处理与文本分析［EB/OL］.（2019-03-22）［2023-05-30］.https://www.jianshu.com/p/32258d3b02f6.

敲代码的 quant.数据分析——特征工程之特征关联［EB/OL］.（2018-08-12）［2023-05-30］.https://blog.csdn.net/FrankieHello/article/details/81604806.

蚂蚁.Python 爬取天气数据及可视化分析［EB/OL］.（2022-04-16）［2023-05-30］.https://zhuanlan.zhihu.com/p/498562921.

sankingvenice.点云数据格式［EB/OL］.（2023-06-12）［2023-06-30］.https://blog.csdn.net/baidu_34931359/article/details/131178512.

智造苑.智能制造的核心技术之数据获取与处理［EB/OL］.（2022-03-23）［2023-05-30］.www.clii.com.cn/lhrh/hyxx/202203/t20220323_3953387.html.

桑文锋.应用应该收集哪些日志，目的是什么？［EB/OL］.（2016-12-14）［2023-05-30］.https://www.zhihu.com/question/28195040.

入驻搜狐公众平台作者.自动驾驶汽车的传感器该如何布置［EB/OL］.（2018-07-13）［2023-05-30］.https://www.sohu.com/a/240953964_560178.